SAFE PRODUCTION

现代安全生产

培训教程

潘迎春 编著

四川科学技术出版社

图书在版编目（CIP）数据

现代安全生产培训教程 / 潘迎春编著. —— 成都：
四川科学技术出版社, 2019.4（2023.4重印）
ISBN 978-7-5364-9435-0

Ⅰ.①现… Ⅱ.①潘… Ⅲ.①安全生产—生产管理—
高等职业教育—教材 Ⅳ.①X92

中国版本图书馆CIP数据核字(2019)第067609号

现代安全生产培训教程

XIANDAI ANQUAN SHENGCHAN PEIXUN JIAOCHENG

出 品 人	程佳月
编 著	潘迎春
策 划	谢 伟
责任编辑	康永光
封面设计	艺和天下
责任出版	欧晓春
出版发行	四川科学技术出版社
	成都市锦江区三色路 238 号　邮政编码 610023
	官方微博：http://weibo.com/sckjcbs
	官方微信公众号：sckjcbs
	传真：028 - 86361756
成品尺寸	170mm×240mm
	印张14　　字数 240千
印 刷	大厂回族自治县益利印刷有限公司
版 次	2019年5月第1版
印 次	2023年4月第2次印刷
定 价	26.80 元

ISBN 978-7-5364-9435-0

■　邮购：成都市锦江区三色路 238 号新华之星A座25层
　　邮政编码 / 610023
　　电话 /（028）86361770

内 容 提 要

  本书根据教育部高等职业学校安全技术管理专业教学标准编写，全书设置七章，内容包括：安全生产培训体系建设、享有安全生产的权利、安全生产培训机构体系与建设、加强教育培训与保护职业卫生健康、现代安全生产培训模式、安全生产应急体系、安全生产应急预案。后设附录。

  本书适用于高职高专安全技术管理专业以及相关专业课程教学使用，也可作为安全技术与管理人员自学、培训用参考书。

前　言

　　安全生产事关人民群众生命财产安全，事关改革发展稳定大局，事关党和政府形象和声誉。党中央、国务院高度重视安全生产，确立了安全发展理念和"安全第一、预防为主、综合治理"的方针，采取了一系列重大举措加强安全生产工作。

　　2014年8月31日，第十二届全国人大常委会第十次会议审议通过了关于修改《中华人民共和国安全生产法》（以下简称《安全生产法》）的决定，国家主席习近平签署第十三号令，自2014年12月1日起实施。这是全国亿万职工的一件大事，也是广大劳动者的福音。《安全生产法》自2002年11月1日实施以来，对预防和减少安全生产事故、保障人民生命财产安全发挥了重要作用。由于我国正处于工业化快速发展的进程中，安全生产基础仍然比较薄弱，违法生产经营行为屡禁不止等问题较为突出，安全生产事故处于易发多发高峰期，特别是重特大事故尚未得到有效遏制，安全生产面临严峻形势。认真学习贯彻《安全生产法》，对于提高广大职工的安全生产意识，强化安全生产工作的重要地位，加强企业基层执法力量，防止和减少安全生产事故，促进经济社会的稳定发展，具有十分重要的意义。

　　新《安全生产法》的颁布实施，标志着我国安全生产法制建设进入了一个新的阶段，为推动安全生产提供了强大的法律保障。职工群众既是安全生产的主体，也是贯彻落实《安全生产法》的关键。学习好、宣传好、贯彻好《安全生产法》，是我国当前和今后一个时期的重要任务。

　　近年来，随着我国经济建设的快速发展，社会和企业对安全生产应用型人才的需求量日益增多，这给高职高专安全技术管理专业建设带来了新的机遇和挑战。结合我国当前安全生产管理人员素质的现状，规范安全生产管理培训和考核，建设高素质的安全生产管理和救援队伍，是促进安全生产管理工作顺利开展的重要保证。因此，按照相关政策规定，生产经营单位必须对所有从业人员进行必要的安全生产技术培训，其主要负责人及有关经营管理人员、重要工种从业人员必须按照有关法律、法规的规定，接受规范的安全生产培训，经考试合格，持证上岗。安全培训工作的重点在基层、在企业，只有把企业的广大员工培训好，提高他们的安全意识和安全技能，才能从根本上提高企业整体安全生产水平。基于此，编著者在知识准备充分的基础上，统筹谋划，精心组织，编写了本书。

本书的编写注重满足高职高专安全技术管理专业教学课程体系的新发展和教学现状，力求创新，在吸收诸多教材成果的基础上，将安全生产管理培训的最新理论、技术和规范纳入培训教程，并与国家最新的相关政策法规、技术标准保持一致。为满足培养应用型人才的需求目标，本书加强了职业教育特色，避免纯理论阐述，强调以实际技能和职业需求带动教学任务。本书内容丰富，由浅入深，提倡工学结合，增加了可操作性和工作实践性，为学生今后的职业生涯打下了坚实的基础。

本书在编写过程中，参阅了大量的专业书籍和资料，在此对相关作者表示诚挚的感谢。因编写时间紧，加之编著者水平有限，难免有疏漏之处，敬请广大读者在阅读和使用中多提宝贵意见，以便进一步丰富和完善。

编著者

2019年3月

CONTENTS

目 录

第一章 安全生产培训体系建设

第一节 安全生产培训体系现状

我国安全生产培训体系的基本框架包括：安全生产培训法律法规、培训组织与机构设置、师资队伍与教材建设、培训考核管理、监督检查、信息资源管理与质量评估、资金保障等七项保障机制以及政府公务人员培训、生产经营单位从业人员培训和社会中介机构从业人员培训等三大培训系统。2000年以来，按照"统一规划、归口管理、分级实施、分类指导、教考分离"的原则，各级安全监管监察机构和全国各地生产经营单位、培训机构，采取有效措施，加大力度，全面推进，全国安全生产培训体系已基本形成。

一、我国安全生产指导思想

全面贯彻党的十九大精神，深入学习贯彻习近平总书记系列重要讲话精神，认真落实党中央、国务院决策部署，紧紧围绕统筹推进"五位一体"总体布局和协调推进"四个全面"战略布局，弘扬安全发展理念，遵循安全生产客观规律，主动适应经济发展新常态，科学统筹经济社会发展与安全生产，坚持改革创新、依法监管、源头防范、系统治理，着力完善体制机制，着力健全责任体系，着力加强法治建设，着力强化基础保障，大力提升整体安全生产水平，有效防范遏制各类生产安全事故，为全面建成小康社会创造良好稳定的安全生产环境。

二、我国安全生产基本原则

（1）改革引领，创新驱动。坚持目标导向和问题导向，全面推进安全生产领域改革发展，加快安全生产理论创新、制度创新、体制创新、机制创新、科技创新和文化创新，推动安全生产与经济社会协调发展。

（2）依法治理，系统建设。弘扬社会主义法治精神，坚持运用法治思维和法治方式，完善安全生产法律法规标准体系，强化执法的严肃性、权威性，发挥科学技术的保障作用，推进科技支撑、应急救援和宣教培训等体系建设。

（3）预防为主，源头管控。实施安全发展战略，把安全生产贯穿于规划、设计、建设、管理、生产、经营等各环节，严格安全生产市场准入，不断完善风险分级管控和隐患排查治理双重预防机制，有效控制事故风险。

（4）社会协同，齐抓共管。完善"党政统一领导、部门依法监管、企业全面负责、群众参与监督、全社会广泛支持"的安全生产工作格局，综合运用法律、行政、经济、市场等手段，不断提升安全生产社会共治的能力与水平。

三、我国安全生产规划目标

到2020年，安全生产理论体系更加完善，安全生产责任体系更加严密，安全监管体制机制基本成熟，安全生产法律法规标准体系更加健全，全社会安全文明程度明显提升，事故总量显著减少，重特大事故得到有效遏制，职业病危害防治取得积极进展，安全生产总体水平与全面建成小康社会目标相适应。见表1-1"十三五"安全生产指标。

表1-1　"十三五"安全生产指标

序号	指标名称	降幅
	"十三五"安全生产指标	
1	生产安全事故起数	10%
2	生产安全事故死亡人数	10%
3	重特大事故起数	20%
4	重特大事故死亡人数	22%
5	亿元国内生产总值生产安全事故死亡率	30%
6	工矿商贸就业人员十万人生产安全事故死亡率	19%
7	煤矿百万吨死亡率	15%
8	营运车辆万车死亡率	6%
9	万台特种设备死亡人数	20%

注：降幅为2020年末较2015年末下降的幅度

四、安全生产培训法律法规标准基本建立并不断完善

《中华人民共和国安全生产法》（以下简称《安全生产法》）、《中华人民共和国劳动法》（以下简称《劳动法》）、《中华人民共和国矿山安全法》（以下简称《矿山安全法》）、《中华人民共和国职业病防治法》（以下简称《职业病防治法》）等法律和《安全生产许可证条例》《煤矿安全监察条例》《国务院关于预防煤矿生产安全事故的特别规定》《危险化学品安全管理条例》《建设工程安全管理条例》等涉及安全生产的行政法规，以及各地制定的安全生产地方性法规，都对安全生产培训提出了明确要求。

2000年以来，国家安全生产监督管理总局先后制定了《安全生产教育培训管理办法》《生产经营单位安全培训规定》和《注册安全工程师管理规定》等行政规章，下发了《关于特种作业人员安全技术培训考核工作的意见》《关于加强煤矿安全培训工作的若干意见》《关于加强农民工安全生产培训工作的意见》等40余个规范性文件，对安全生产培训工作提出了具体要求。同时，制定并颁布实施了安全生产监管人员和煤矿安全监察人员培训大纲和考核标准，《特种作业人员安全技术培训大纲及考核标准（通用部分）》，以及煤矿、非煤矿山、危险化学品、烟花爆竹、民爆器材等高危行业主要负责人、安全管理人员和一般从业人员培训大纲和考核标准等60余部，形成了较系统的安全培训标准体系。各地根据相关法律法规，也相继制定了《安全培训管理实施细则》《培训教学管理办法》等一系列地方性规章或规范性文件。这些法规标准的颁布实施，使安全生产培训工作基本做到有法可依、有章可循。

五、安全生产培训管理体制已经形成并不断完善

按照"分级实施、分类指导"的原则，我国已基本形成各级安全生产监管机构和煤矿安全监察机构分级管理、各负其责、共同参与的安全生产培训工作管理体制。

国家安全生产监督管理总局依法对全国的安全培训工作实施监督管理，具体负责安全监管监察人员以及高危行业生产经营单位主要负责人、安全生产管理人员、特种作业人员（以下简称"三项岗位人员"）安全生产培训大纲和考核标准的制定，省级以上安全监管人员、各级煤矿安全监察人员和中央企业总

部主要负责人、安全生产管理人员的培训、考核、发证，以及一、二级安全培训机构资质的审批工作。

国家煤矿安全监察局指导监督检查全国煤矿安全培训工作；国家安全生产应急救援指挥中心指导监督检查全国应急救援安全培训工作。

省级安全监管部门指导、监督、检查所辖区域内的安全培训工作，具体负责非高危行业安全培训大纲的制定，市级及以下安全监管人员和省属企业、所辖区域内中央企业分公司"三项岗位人员"的培训、考核、发证，以及三、四级安全生产教育培训机构资质的审批工作；省级煤矿安全监察机构指导、监督、检查所辖区域内的煤矿安全培训工作，具体负责煤矿"三项岗位人员"的培训考核发证，以及三、四级煤矿安全培训机构资质的审批工作。

市、县级安全监管部门组织、指导和监督本行政区域内除中央企业、省属生产经营单位以外的其他生产经营单位的主要负责人和安全生产管理人员的培训、考核、发证工作。

生产经营单位负责组织实施本单位的安全生产培训工作。

六、安全生产培训基础建设全面加强

1. 安全培训机构

在机构建设上，国家安全生产监督管理总局制定了《一、二级安全培训机构认定标准》，各地结合实际制定了《三、四级安全培训机构认定标准》，建立了安全生产培训机构资质认定和复审评估制度，定期开展对安全培训机构的评估工作，山西、新疆等地还大力推行机构标准化建设。

2. 安全培训师资队伍

在师资队伍建设上，各级安全监管监察机构将师资力量配备情况作为安全培训机构评估认定的基本条件，建立了安全培训教师岗位培训制度，培训教师经岗位培训考核合格，方可上岗执教。国家安全生产监督管理总局规定了相应培训内容和考核办法，加强了对培训管理人员和教师的培训。各地也纷纷开展了对三、四级机构教师的岗位培训，部分省市还开展了教师安全专业知识培训和教学研讨等活动，切实提高了教师的教学能力和水平。各级安全培训机构采取措施，组建了水平较高、专兼结合的安全培训教师队伍，有的还建立了安全培训师资库。全国安全培训专职教师人数已达2万余人。培训师资队伍的数量和质量基本满足当前开展安全生产培训的需要。

3. 安全培训和课件教材

在教材建设上，各级安全培训管理部门根据培训大纲、考核标准，组织编写了一批涉及各专业、适应各层次的教材。国家安全生产监督管理总局和国家煤矿安全监察局组织编写了安全监管监察人员以及煤矿、非煤矿山、危险化学品、烟花爆竹高危行业"三项岗位人员"等各类人员的安全培训系列教材50余种；与教育部联合摄制《煤矿新工人生产安全多媒体系列培训教材》，并向全国所有煤矿和煤矿安全培训机构免费发放3万套；开展了安全培训教材评选推荐活动，推荐优秀教材15种。各地结合实际组织编写了大量针对性强的培训教材，如：河南省编写或修订"三项岗位人员"教材30多种，上海、大连等地编写了符合农民工特点的安全培训专用教材，安徽煤矿安全监察局编写了《以史为鉴，警钟长鸣》的事故案例教材。教材的种类和数量不断丰富，为培训教学提供了保障。

七、推进安全生产信息化建设

推进信息技术与安全生产的深度融合，统一安全生产信息化标准，依托国家电子政务网络平台，完善安全生产信息基础设施和网络系统。全面推进安全监管监察部门安全生产大数据等信息技术应用，构建国家、省、市、县四级重大危险源管理体系，实现跨部门、跨地区数据资源共享共用，提升重大危险源监测、隐患排查、风险管控、应急处置等预警监控能力。推动矿山、金属冶炼等高危企业建设安全生产智能装备、在线监测监控、隐患自查自改自报等安全管理信息系统。推进危险化学品、民爆物品、烟花爆竹等企业建设全过程信息化追溯体系。鼓励中小企业通过购买信息化服务提高安全生产管理水平。

八、提高应急救援处置效能

1. 健全先期响应机制

建立企业安全风险评估及全员告知制度。完善企业、政府的总体应急预案和重点岗位、重点部位现场应急处置方案。加强高危企业制度化、全员化、多形式的应急演练，提升事故先期处置和自救互救能力。推动高危行业领域规模以上企业专兼职应急救援队伍建设及应急物资装备配备。建设应急演练情景库，开展重特大生产安全事故情景构建。建立企业内部监测预警、态势研判及与政府、周边企业的信息通报、资源互助机制。落实预案管理及响应责任,加强政企预案衔接与联动。建立应急准备能力评估和专家技术咨询制度。

2. 增强现场应对能力

完善事故现场救援统一指挥机制,建立事故现场应急救援指挥官制度。建立应急现场危害识别、监测与评估机制,规范事故现场救援管理程序,明确安全防范措施。推进安全生产应急救援联动指挥平台建设,强化各级应急救援机构与事故现场的远程通信指挥保障。加强应急救援基础数据库建设,建立应急救援信息动态采集、决策分析机制。健全应急救援队伍与装备调用制度。建立京津冀、长江经济带、泛珠三角、丝绸之路沿线等地区应急救援资源共享及联合处置机制。

3. 统筹应急资源保障

加快应急救援队伍和基地建设,规范地方骨干、基层应急救援队伍建设及装备配备,加强配套管理与维护保养。健全安全生产应急救援社会化运行模式,培育市场化、专业化应急救援组织。强化安全生产应急救援实训演练,提高安全生产应急管理和救援指挥专业人员素养。完善安全生产应急物资储备与调运制度,加强应急物资装备实物储备、市场储备和生产能力储备。

九、健全制度,加大监管执法力度

1. 加大监管执法力度

完善安全监管监察执法的制度规范,确定执法的主体、方式、程序、频次和覆盖面。统一安全生产执法标志标识和制式服装。健全执法标准,规范执法文书。建立安全生产行政执法裁量基准制度。建立定区域、定人员、定责任的安全监管监察执法机制。加强对安全生产强制性标准执行情况的监管监察执法。实行安全生产与职业卫生一体化监管执法。完善安全生产行政执法与刑事司法衔接机制,健全线索通报、案件移送、协助调查等制度,依法惩治安全生产领域的违法行为。全面落实行政执法责任制,建立执法行为审议和重大行政执法决策机制,评估执法效果,防止滥用职权。健全执法全过程记录和信息公开制度,公开执法检查内容、过程和结果,定期发布重点监管对象名录。改进事故调查处理工作,完善事故调查处理规则,加强技术与原因分析,强化事故查处挂牌督办、提级调查等措施,落实事故整改措施监督检查和总结评估制度。

2. 健全审批许可制度

深化行政审批和安全准入改革，简化程序，严格标准。编制安全生产行政审批事项服务指南，制定审查工作细则，规范行政审批的程序、标准和内容，及时公开行政审批事项的受理、进展情况和结果。推动安全生产同类审批事项合并审查。改革安全生产专业技术服务机构资质管理办法，明晰各级安全监管监察部门、生产经营单位和专业技术服务机构的职责。加快培育安全生产专业技术服务机构，严格专业技术服务机构和人员从业规范。健全专业技术服务机构服务信息公开、资质条件公告、守信激励和失信惩戒等制度，加强日常监督检查。建立政府购买安全生产服务制度，引入第三方提供安全监管监察执法技术支撑。实行企业自主选择专业技术服务机构。专业技术服务机构依法执业并对技术服务结果负责。

3. 提高监管监察执法效能

制定安全监管监察能力建设标准，实施安全监管监察能力建设规划。完善各级安全监管监察部门执法工作条件，加快形成与监督检查、取证听证、调查处理全过程相配套的执法能力。建立与经济社会发展、企业数量、安全形势相适应的执法力量配备以及工作经费和条件保障机制。严格执法人员资格管理，制定安全监管监察执法人员选拔和专业能力标准，建立以依法履职为核心的执法人员能力评价体系。定期开展安全监管监察执法效果评估。强化安全生产基层执法力量，优化安全监管监察执法人员结构。开展以现场实操为主的基层执法人员实训，每3年对全国安全监管监察执法人员轮训一遍。

第二节 安全生产培训体系建设存在的问题

一、对安全生产培训的重要性认识不足

有的地方政府和生产经营单位存在重生产、轻安全、忽视安全培训的问题。一些地方政府部门也包括一些地方安全监管监察机构，没有真正认识到安全生产教育培训工作是安全生产的重要治本之策，没有把安全生产教育培训纳入安全生产总体工作部署，经费投入不足，对安全培训工作说起来重要、做起来次要、忙起来不要，导致安全培训各项政策措施得不到有效落实。一些企业特别是一些中

小企业业主安全意识淡漠，短期行为严重，没有认识到安全培训是一项成本低、见效快、回报率高的基础性投入，宁可承担事故风险，也不愿意在培训上多花钱，有的甚至没有对从业人员进行任何培训就安排上岗作业。2016年11月29日黑龙江省七台河市景有煤矿重大瓦斯爆炸事故造成21人遇难，1人被困。经初步分析，该矿违法违规组织生产，其采矿许可证于2016年8月24日过期；安全生产许可证于2014年11月3日过期，并于2016年9月5日被黑龙江煤矿安监局依法注销。另外，景有煤矿未安装安全监控系统和人员位置监测系统，作业人员未经培训入井作业。

一些企业领导明白培训的投入与产出的关系，自然将员工培训列入重要的议事日程。然而，不能排除部分领导在思想上的重视程度存在差异。尤其是至今还没有一套完善的被普遍认可的培训评估标准，还没有对企业管理者在培训方面政绩的考核制度。因此，很难促使安全生产行业各级机构领导对培训从思想到组织行为上的到位。

二、安全生产培训基础建设有待进一步加强

在机构建设上，机构布局不够合理，全国一、二级安全培训机构中的一半以上分布在北京等8个省(区、市)，而浙江这样的工业大省仅有1个二级机构；全国培训机构中，三级培训机构占机构总数的54.6%，四级培训机构仅占机构总数的40.3%，比例不协调。在教材建设上，教材开发缺乏统一规划，编写、审定和推荐使用良性机制尚未形成，全国安全培训优秀教材不多。在师资建设上，各级机构理论基础扎实、实践经验丰富、熟练掌握现代培训方式方法的教师普遍比较缺乏。在信息化建设上，虽然不少地方进行了积极有效的探索，但全国安全培训信息化总体水平还比较低，培训信息统计、档案管理等手段落后。

三、安全生产培训质量函须提高

多数培训机构不注重培训需求调研，课程设计针对性不强，培训内容与实际贴得不紧，培训课时不够，教材教案陈旧，办班规模过大，不少培训教师习惯于传统的"满堂灌"，教学缺乏吸引力和感染力，培训效果差。一些地方培训与考核不分，委托培训机构承担考试出题、监考、阅卷等工作，培训机构既培训又考核，考核没有起到对培训质量的约束作用，培训质量得不到保证。一些中小企业没有针对员工特别是农民工文化素质低、接受能力差的特点，采取有效的方法措

施对员工进行培训，培训有名无实，流于形式。2007年全国安全培训专项督查调研时，现场抽考的736名相关企业从业人员中，有28％的人员错误认为"在粉尘岗位作业时应佩戴纱布口罩"，特别是在河南省嵩县某烟花爆竹厂，以烟花爆竹安全生产基本常识为内容，抽考了6名取得培训合格证的作业人员，考试成绩都不合格，最高分只有40分。

四、安全生产培训市场存在不同程度的混乱现象

对培训机构的约束不够，培训市场无序竞争与垄断现象并存。一些培训机构以牟利为目的培训，乱发文、乱办班、乱收费现象时有发生；同时，一些地方把培训作为部门经费的一种补充或创收手段，相对垄断培训市场。调研发现，仅占全国安全培训机构总数23.1％的监管监察部门直属机构，无论师资还是教学设备等都相对不足，却承担着当地大部分安全培训任务；而资源相对丰富的一些地方院校、职业技能培训学校和企业所属培训机构没有发挥应有作用。

五、安全生产培训缺乏系统和长远规划

虽然大部分的安全生产企业对培训工作予以了高度的重视，但由于认识的不足，对培训的理解还停留在简单的办班上，缺乏人力资源开发的长远目标，培训项目被动地依赖于上级下达的培训任务，特别是在高级技术工人紧缺的情况下，许多企业注重培训的短期效益，缺什么补什么，随意性较大，没有做到从职工的角度来为他们的职业生涯做好规划，在一定程度上挫伤了职工的积极性，甚至导致人才的流失。

第三节　加强安全生产培训体系建设
的对策措施

一、落实安全生产培训责任

各级政府研究制定安全生产培训目标责任制考核办法，把安全生产培训纳入安全生产工作总体规划和目标考核体系，统一考核；将从业人员的安全生产培训纳入政府公共服务范畴，安排专项资金保障安全生产培训；把安全培训纳入执法

检查重要内容，加强监督检查，指导督促生产经营单位落实安全生产培训的主体责任；强化对培训机构的监督管理，促进培训机构健康发展。

生产经营单位要把安全生产培训纳入本单位的总体发展规划，明确专门机构或专人负责安全培训工作，健全安全培训规章制度，建立安全培训档案；足额提取教育培训经费，重点用于安全生产教育培训工作；积极开展从业人员的安全生产教育培训，确保"三项岗位人员"持证上岗；充分利用网络、电视、宣传栏、黑板报等新闻载体广泛宣传安全生产知识，提高从业人员的安全意识。

二、健全安全生产教育培训规章制度

研究制定《安全生产培训监督检查办法》，并以国家安全生产监督管理总局令下发，明确安全生产教育培训监督检查的内容、方式和方法，进一步推动安全培训监督检查工作。研究制定《特种作业人员安全技术培训考核管理办法》，按照成熟一个、明确一个的原则，确定特种作业范围，明确非煤矿山、危险化学品、烟花爆竹等高危行业特种作业人员的种类和范围，并制定相应的培训大纲和考核标准，规范特种作业人员培训考核发证工作。抓紧修订煤矿、非煤矿山、危险化学品、烟花爆竹高危行业主要负责人和安全生产管理人员的安全培训大纲和考核标准，制定一般生产经营单位主要负责人和安全生产管理人员培训大纲和考核标准，进一步健全各类人员安全培训标准体系。研究制定非煤矿山、危险化学品、烟花爆竹等高危行业从业人员准入标准，把从业人员是否达到从业条件纳入高危行业行政许可条件，提高准入门槛。

三、夯实安全生产培训基础

合理规划机构布局，优化资源配置，加快四级安全培训机构的建设步伐，支持培训机构与高等学校、科研院所协作办学，支持有条件的骨干企业、中小企业集中的地区建立培训机构，促进优势互补和资源共享。建设一批示范性安全生产教育培训基地，形成品牌效应，推进安全教育培训机构正规化和标准化建设。引入竞争择优机制，各级安全监管监察机构根据培训需要，确立培训项目，采取项目委托、公开招标等方式，择优选定承办机构，保证培训实效。加强国际合作培训，继续实施已有的中外矿山安全培训项目，积极拓展和开发新的培训合作项目。

进一步完善教师选聘、考核和竞争上岗制度，注重吸纳专业对口、经验丰富和热爱安全教育培训事业的优秀教师，优化师资队伍的专业和年龄结构。选聘一批政治素质好、理论水平高、实践经验丰富的党政干部和专家学者充实兼职教师队伍。根据教育培训工作需要建立完善师资库。实行教师联聘，实现同一地区培训教师资源共享。进一步加大师资培养力度，强化培训者培训，开展安全培训教学评比活动，引导教师树立现代教育培训理念，运用现代教育培训模式，掌握先进的教学方法与手段，不断提高教学水平。

坚持开发与利用相结合，进一步加强安全培训教材建设。组建安全生产教育培训教材编审委员会，制定教材编写规划，组织编写适合各类人员培训的基础知识类、岗位知识类、更新知识类等系列教材。定期开展优秀教材、优秀教案、优秀课件评选活动，积极开发以文字、音像、多媒体等为载体的立体化教材系列。继续加强农民工培训教材建设，本着少而精、实用、管用的原则，开发图文并茂、通俗易懂、适合农民工特点的安全生产教育培训教材，免费发给重点行业、重点地区和重点企业。

四、提升安全生产培训质量

加强培训考核，严格执行教考分离制度。按照各类人员培训大纲和考核标准，建立健全各类人员培训试题库，积极探索建立安全培训考试中心，开发在线考试平台，大力推行计算机考试，形成对培训质量的检验和制约机制。探索建立培训质量责任追究制度，对因培训机构不按要求开展培训、培训质量达不到要求，致使学员违章造成生产安全事故的，要在事故调查处理的同时，对培训机构进行重点考核，并严格追究机构及相关责任人责任。加强培训需求调研，科学设计培训课程，及时更新培训内容，开发特色课程，增强培训针对性和实效性；改进教学方法，根据不同类型、不同层次人员的特点，灵活选用讲授式、研讨式、互动式、体验式、模拟式等多种方法进行教学，增强教学的吸引力和感染力，不断提高教学质量。以"三项岗位人员"、班组长、农民工、政府工作人员安全培训为重点研究对象，分析评价现有安全培训模式和培养方式，分析优缺点和适应性，分析国外在安全培训方式上的最新成果，结合培训实践，提出安全培训的新模式、新方法，形成安全培训创新的体制机制。

五、推进安全生产培训信息化进程

将全国安全生产培训信息管理系统纳入"金安工程"，加快建设步伐，实现各级安全监管监察部门、考试中心以及培训机构联网，促进教学管理、档案管理、考勤管理、考试考核管理、证书管理、信息查询、数据统计等信息化，提高安全生产教育培训工作管理水平和效率。依托全国安全生产教育培训信息管理系统，增设专门统计模块，联网运行，实现数据上传、接收、统计、查询等功能，解决当前统计手段落后、培训底数不清的问题。充分利用网络、视频会议系统等，建立远程教育和网络教学培训平台，发展远程安全教育培训；采用传统教学与现代远程教学相结合、远程教学与现场学习相结合等多种方式，应用现代模拟虚拟手段，进一步扩大安全生产教育培训覆盖面，并有效解决工学矛盾等问题。

六、规范安全生产教育培训市场秩序

加强对安全生产教育培训工作的宏观协调管理，建立健全培训计划协调会商制度，完善培训机构计划培训和自主培训的审批备案制度，统筹安排培训任务，提高培训的可操作性；按照分级负责、属地管理的原则，进一步加强相关资格证书的发放和管理工作，严肃查处培训、考核、发证工作中的不正之风和腐败现象。加强培训机构资质管理，完善培训机构评审办法和质量评估标准，提高准入门槛，对不具备培训条件、培训行为不规范和培训质量差的机构要及时淘汰或降级；加强对安全监管监察部门所属安全培训机构的监督管理，严禁以牟利为目的乱办班、乱培训、乱发证；本着适当合理的原则，研究探索培训考核收费政策，指导各地安全监管监察部门加强对培训考核的收费管理，严肃财经纪律，严格实行收支两条线。

七、强化安全人才培养

继续组织开展安全工程学科建设有关课题研究，及时修订《安全工程学科专业规范》《安全工程专业本科教育认证标准》，积极推进和扩大安全工程专业教育认证试点，总结专业教育认证经验，推动安全工程专业教学内容和课程体系不断完善，形成专业建设和教学改革的新机制；在有条件的高等院校、中等职业技术学校开展安全生产专业教育培训，支持和鼓励监管监察部门和生产经营单位根据自身需要选送人员参加。

进一步加强与教育主管部门的协调，继续发挥原煤炭高等院校和有关高等职业院校煤矿主体专业人才培养的主渠道作用，采取对口单招、委托培养、增设专业等有效措施，扩大煤矿主体专业招生；继续实施"煤炭行业技能型紧缺人才培养培训工程"，扩大相关专业招生规模，将学历教育与国家职业资格标准、人才安全生产准入标准等有机结合起来，使学生在取得学历证书的同时，按照有关规定获取相应的职业资格证书、安全资格证书或特种作业操作资格证书；进一步完善"对口单招"政策，扩大院校和招生规模，促进校企合作培养人才，鼓励毕业生到企业发挥专业特长。

加快推进实施注册安全工程师执业资格制度进程，支持各地组织实施注册助理安全工程师资格制度；逐步形成大型企业安全管理人员和安全生产中介机构专业人员以注册安全工程师为主体，中小企业以注册助理安全工程师为骨干的安全专业人才队伍，提升生产经营单位安全生产管理水平。

八、加强全员安全生产培训

政府安全生产工作分管领导培训。以安全生产形势与任务、法律法规、事故调查处理、重点行业领域安全监督管理、应急管理和职业卫生等为主要内容，提高各级领导干部安全生产责任意识和监管水平，推动地方政府落实安全生产领导责任和监管责任，牢固树立安全发展理念，正确处理安全生产与经济发展的关系。力争5年内，将全国333个市（地）、2 862个县（市、区）、41 636个乡(镇)的政府安全生产工作分管领导轮训一遍。

安全监管监察人员培训。国家安全生产监督管理总局定期举办机关和直属单位的党校理论学习班和专题理论研讨班，开展煤矿安全监察分局局长和市、县安全生产监督管理局局长业务培训，选派厅局级干部参加中央党校、国家行政学院和有关干部学院的脱产培训；各省级安全监管监察机构根据需要，组织实施本地区安全监管监察机构领导干部的业务培训；分期分批选送优秀青年干部和业务骨干到矿业、化工等高等院校进行培训深造；举办省级以上安全监管人员行政执法培训班和煤矿安全监察人员行政执法培训班。

"三项岗位人员"安全资格培训。进一步加大对煤矿、非煤矿山、危险化学品、烟花爆竹等高危行业(企业)的主要负责人和安全生产管理人员的安全资格培训力度，并按规定进行复训，做到持证上岗。加强特种作业人员安全培训工作的监督管理，严格特种作业人员必须具备的条件，采取有效措施扎实推进教考分离，探索研究建立特种作业人员安全生产事故责任追究机制，推动安全生产培训责任的落实。

从业人员特别是农民工安全培训。进一步完善培训协作机制，按照各自职责分工，将农民工安全培训与职业教育、职业技能培训、农村劳动力转移培训等合并进行；指导生产经营单位和培训机构做好从业人员特别是农民工安全培训，有培训条件的企业以企业为主体进行，不具备培训条件的企业，特别是小煤矿、小矿山、小化工、烟花爆竹小作坊等中小企业各级安全监管监察部门要积极创造条件，落实培训机构，组织集中培训或"送教上门"；积极探讨从工伤保险基金中提取一定比例的资金，专门用于从业人员特别是农民工安全生产教育培训。

安全生产知识普及性培训。配合教育部落实《中小学公共安全教育指导纲要》，把中小学公共安全教育贯穿于学校教育的各个环节，培养中小学生的公共安全意识，使广大中小学生掌握必要的安全行为知识和技能，养成在日常生活和突发安全事件中正确应对的习惯，具备基本的自救自护的素养和能力。

九、推广安全生产培训工作先进经验

在充分调研和对培训机构复审检查的基础上，选树一批安全培训示范单位和企业，特别是发现中小企业在安全培训方面的好经验、好做法，适时召开现场会，总结推广经验。继续通过报刊、网络等媒体，深入推广上海市实施"五统一"农民工培训工程、浙江省实施以农民工安全生产知识培训为主的"福祉工程"、江苏海安开展安全生产知识电视培训、深圳市在高危行业推行"安全卡"培训工程、大连市由政府出资对农民工进行免费培训，以及鸡西矿业集团大力开展全员培训、开滦集团建立三方协调机制解决煤矿用工和农民工培训问题、晋城煤业集团面向农村优秀高中毕业生变招工为招生、中国铝业广西分公司推行全员安全培训上岗等地方政府和企业在全员安全培训方面的好经验、好做法，以点带面，推动安全培训工作上新台阶。

第二章　享有安全生产的权利

第一节　从业人员安全生产的权利与义务

《安全生产法》第六条：生产经营单位的从业人员有依法获得安全生产保障的权利，并应当依法履行安全生产方面的义务。

为了保障从业人员享有安全的生产劳动条件和环境，确保从业人员在劳动过程中的安全和健康，新《安全生产法》对生产经营单位做出了严格要求，同时也赋予从业人员在安全生产方面享有的基本权利和应尽的义务。

一、从业人员安全生产的基本权利

根据新《安全生产法》的规定，从业人员在安全生产方面享有以下权利：

（1）与生产经营单位订立书面劳动合同时，从业人员有权要求合同中载明有关保障其劳动安全、防止职业危害的事项，以及依法为从业人员办理工伤保险的事项。

（2）从业人员有权了解生产经营单位作业场所和工作岗位存在的危险因素、防范措施及事故应急措施，有权对本单位的安全生产工作提出建议。

（3）生产经营单位不得以任何形式与从业人员订立协议，免除或者减轻其对从业人员因生产安全事故伤亡依法承担的责任。

（4）从业人员有权对本单位安全生产工作中存在的问题提出批评、检举、控告；有权拒绝违章指挥和强令冒险作业。

（5）生产经营单位不得因从业人员对本单位安全生产工作提出批评、检举、控告或者拒绝违章指挥、强令冒险作业而降低工资、福利等待遇或者解除与其订立的劳动合同。

（6）从业人员发现直接危及人身安全的情况时，有权停止作业或者在采取可能的应急措施后撤离作业场所。

（7）生产经营单位不得因从业人员在紧急情况下停止作业或者采取紧急撤离措施而降低工资、福利等待遇或者解除与其订立的劳动合同。

（8）因生产安全事故受到伤害或患职业病的从业人员，除依法享有工伤社会保险外，依照有关民事法律尚有获得赔偿的权利的，有权向本单位提出赔偿要求。

（9）从业人员有接受安全生产教育和培训的权利，以掌握本职工作所需的安全生产知识，提高安全生产技能和事故的预防、处置能力。

（10）从业人员有权获得保障自身安全与健康的劳动条件和防护用品。

从业人员了解掌握了这些安全生产的权利，就可以在生产劳动中以法律为武器，切实维护好自身的合法权益。

〔案例导入〕

某地有近200名农民来到南方一城镇打工，主要在一家石英砂厂从事石英砂粉碎和过滤工作。这两道生产工序会产生大量粉尘，3米内看不见人。正是这些粉尘，使100多名农民工先后患上1期、2期、3期硅肺病，其中5人不治身亡，其余的因无钱治疗，2、3期病人已丧失劳动能力，在死亡线上挣扎。直到大病缠身，这些农民工才知道他们从事的岗位和硅肺病有多么危险和可怕，纷纷拿起法律的武器和企业老板打起了官司。

石英砂厂老板损害了农民工的什么权利？违反了哪些法律规定？

《安全生产法》第五十条规定："生产经营单位的作业人员有权了解其作业场所和工作岗位存在的危险因素、防范措施及事故应急措施，有权对本单位的安全生产工作提出建议。"上述案例中这些农民工的知情权受到了损害。在工作前，企业主没有按规定告知他们所在的作业场所和工作岗位存在哪些危险和伤害，如何防范和施救，也没有按规定给农民工配备必要的劳动防护用品，以杜绝和减少他们在生产过程中受到的伤害。

这个案例提醒我们，赚昧心钱的企业主固然可恶，可是农民工朋友如果工作前知道自己的安全生产权利，多了解一点工作岗位上的安全生产知识及职业病的防护知识，这样的悲剧就会少发生。如果企业主侵犯了从业人员的安全生产权利，从业人员可向当地劳动保障、安全生产监督管理、卫生等部门举报，有关部门会给出一个满意的解决方案。如果受到伤害，从业人员还可以通过法律的途径向企业主索赔，甚至追究企业主的刑事责任。

二、从业人员职业卫生权利

从业人员在劳动保护方面享有的权利，包括防止工伤事故发生的劳动安全生产权利和防治职业病的劳动卫生权利两个方面。

职业卫生权利，亦称劳动保护权，是指从业人员在职业劳动中人身安全和身心健康获得保障，从而免遭职业危害的权利。职业卫生权利的基础是人的生命和健康，因而它是《安全生产法》最基本的体现。

根据《安全生产法》和相关法律的规定，从业人员享有以下职业卫生权利：

（1）获得职业卫生教育、培训的权利。

（2）获得职业健康检查、职业病诊疗、康复等职业病防治服务的权利。

（3）了解工伤场所产生或者可能产生的职业病危害因素、危害后果和应当采取的职业病防护措施的权利。

（4）要求用人单位提供符合防治职业病要求的职业病防护设施和个人使用的职业病防护用品、改善工作条件的权利。

（5）对违反职业病防治法律、法规以及危及从业人员生命健康的行为提出批评、检举和控告的权利。

（6）拒绝违章指挥和强令进行没有职业病防护措施的作业的权利。

（7）有参与用人单位职业卫生工作的民主管理、对职业病防治工作提出意见和建议的权利。

（8）有享有工伤保险的权利。

生产经营单位因从业人员依法行使正当权利而降低其工资、福利等待遇或者解除、终止与其订立的劳动合同的，生产经营单位的行为无效。

三、女性从业人员享有的特殊劳动保护权利

为保护女性从业人员在劳动生产过程中的安全和健康，防治伤亡事故，预防职业病，生产经营单位采取了各种管理措施和技术措施。由于女性客观的生理机能和身体特点，《安全生产法》等相关法律、法规对于女性从业人员实行特殊的劳动保护。

1. 禁止女性从业人员从事的工作

根据新《安全生产法》等法律规定，对女职工从事的工种和劳动强度进行限制，禁止用人单位让女性从事以下工作：

（1）矿山井下作业。

（2）森林伐木、归楞及流放作业。

（3）体力劳动强度分级标准中第四级体力劳动强度的作业。

（4）建筑业脚手架的组装与拆除作业，以及电力、电信作业的高处架设作业。

（5）连续负重(每小时负重6次以上)每次负重超20千克、间断负重每次超过25千克的作业。

（6）有毒有害岗位的作业。

2. 女性从业人员特殊劳动保护权利

女性从业人员除享有一般的劳动安全保护以外，还依法享有一些特殊的劳动保护。

1）经期保护

（1）生产经营单位不得安排女性从业人员在经期从事高处、低温、冷水作业和国家规定的第三级体力劳动强度的劳动。

（2）对患有重度痛经及月经量过多的女性从业人员，经医疗或妇幼保健机构确诊后，月经期间可适当给予一两天的休息。

2）孕期保护

（1）女性从业人员在孕期不能适应原劳动的，生产经营单位应当根据医疗机构的证明，予以减轻劳动量或者安排其他能够适应的劳动。

（2）生产经营单位不得在女性从业人员怀孕期安排从事国家规定的第三级体力劳动强度的劳动和孕期禁忌从事的劳动。

（3）对怀孕7个月以上的女性从业人员，生产经营单位不得延长劳动时间或者安排夜班工作，并在劳动时间内安排一定的休息时间。

（4）怀孕女性从业人员在劳动时间内进行产前检查，所需时间计入劳动时间。

3）产期保护

（1）女性从业人员在产期享受98天产假，其中产前可以休假15天。

（2）难产的，可增加产假15天。

（3）生育多胞胎的，每多生育1个婴儿，增加产假15天。

（4）女性从业人员怀孕未满4个月流产的，享受15天产假。

（5）怀孕满4个月流产的，享受42天产假。

（6）女性从业人员产假期间的生育津贴，对已经参加生育保险的，按照生产经营单位上年度职工月平均工资的标准由生育保险基金支付；未参加生育保险的，按照女性从业人员产假前工资的标准由生产经营单位支付。

（7）女性从业人员生育或者流产的医疗费用，按照生育保险规定的项目和标准，对已经参加生育保险的，由生育保险基金支付；对未参加生育保险的，由生产经营单位支付。医疗费用的项目，按照《中华人民共和国社会保险法》规定，包括：生育的医疗费用(检查费、接生费、手术费、住院费和药费)；计划生育的医疗费用；法律、法规规定的其他项目费用。

4）哺乳期保护

（1）对哺乳未满一周岁婴儿的女性从业人员，生产经营单位不得延长劳动时间或者安排夜班劳动。

（2）生产经营单位应当在每天的劳动时间内为哺乳期女性从业人员安排一小时哺乳时间；生育多胞胎的，每多哺乳一个婴儿每天增加一小时哺乳时间。

（3）女性从业人员哺乳婴儿满周岁后，一般不延长哺乳期，如果婴儿身体特别虚弱，经医务部门证明，可将哺乳期酌情延长。根据《女职工保健工作规定》，婴儿满周岁时，经县(区)以上(含县、区)医疗机构或保健机构确诊为体弱儿，可适当延长授乳时间，但不得超过6个月。

（4）女性从业人员在哺乳期禁忌从事的劳动范围：孕期禁忌从事的劳动场所空气中锰、氟、溴、甲醇、有机磷化合物、有机氯化合物等有毒物质浓度超过国家职业卫生标准的作业。

（5）生产经营单位有哺乳婴儿5名以上的，应建立哺乳室。

在女性从业人员"四期"内，生产经营单位不得降级其基本工资，不得解除劳动关系，劳动合同在这个期限内届满的应自动延续孕期、产假和哺乳期。

除以上特殊保护外，《中华人民共和国妇女权益保护法》还明确规定，在劳动就业方面，国家保障女性享有与男子平等的劳动权利，生产经营单位在选取、录用人时，除了一些不适合女性的工作类型和劳动岗位外，不得拒绝录用女性或者故意提高录用女性的标准，男女要同工同酬等。

〔案例导入〕

某县一家煤矿从附近农村招收了20名工人，其中男性11名，女性9名。在分配工作岗位时，由于井下作业缺工人，企业主就从9名女工中挑选了3名身强力壮的到井下作业。由于劳动强度大，一个多月下来3名女工均感到无法胜任，找到矿长要求调换工作岗位。但矿长推托说，眼下没有招收到男工人来替代，还说时代不同了，男女都一样，让这3名女工继续从事井下作业。3名女工为此向当地劳动争议仲裁机构提出申诉。仲裁机构受理后，严肃指出该矿安排女工从事井下作业是错误的。经调解，矿长同意立即将3名女工调换到合适的工作岗位，这时3名女工撤诉。

《劳动法》《女职工劳动保护规定》等法律、法规明令禁止安排女性从业人员从事矿山井下作业等特别繁重体力劳动。上述案例中，煤矿矿长违反了《劳动法》等法律，侵害了这些女性从业人员合法的劳动保护权益，因此必须坚决纠正。

四、未成年工劳动保护权利

未成年工是指年满16周岁、未满18周岁的从业人员。按照我国法律规定，年满16周岁的未成年人可以参加工作。但他们毕竟不同于成年工，他们仍处在成长发育过程中，身心发育尚未完全成熟，需要社会为他们创造更好的劳动条件，获得比成年工更多的特殊劳动保护。

《中华人民共和国未成年人保护法》第三十八条规定，任何组织或者个人按照国家有关规定招用已满16周岁、未满18周岁的未成年人的，应当执行国家在工种、劳动时间、劳动强度和保护措施等方面的规定，不得安排其从事过重、有毒、有害等危害未成年人身心健康的劳动或者危险作业。

《劳动法》规定，不得安排未成年工从事矿山井下、有毒有害、国家规定的第四级体力劳动强度的劳动和其他禁忌从事的劳动，生产经营单位应当对未成年工定期进行健康检查。

根据国家相关法律规定，未成年工受到以下特殊劳动保护：

（1）用人单位应对未成年工进行健康检查。包括：安排工作岗位之前；工作满一年；年满18周岁，距前一次的体检时间已超过半年的。

（2）生产经营单位应根据未成年工的健康检查结果安排其从事适合的劳动，对不能胜任原劳动岗位的，应根据医务部门证明，予以减轻劳动量或安排其他劳动。

（3）未成年工上岗前生产经营单位应对其进行有关的职业安全卫生教育、培训；未成年工体检和登记，由生产经营单位统一办理和承担费用。

（4）未成年工不得在矿山井下及矿山地面采石作业。

（5）未成年工不得从事森林业中的伐木、流放及守林作业。

（6）未成年工不得在有易燃易爆、化学性烧伤和热烧伤等危险性大的场所作业。

（7）未成年工不得在接触放射性物质的工作场所作业。

（8）未成年工不得从事地质勘探和资源勘探等野外作业。

（9）未成年工不得从事连续负重每小时在6次以上并每次超过20千克，间断负重每次超过25千克的作业。

（10）未成年工不得从事潜水、涵洞、涵道作业和海拔3 000米以上的高原作业(不包括世居高原者)。

（11）未成年工不得从事使用凿炭机、捣固机、气镐、气铲、铆钉机、电锤的工种作业。

（12）未成年工不得在工作中需要长时间保持低头、弯腰、上举、下蹲等强迫体位和动作频率每分钟大于50次的流水线作业。

（13）生产经营单位不得安排未成年工做锅炉司炉。

〔案例导入〕

某石料加工厂招收了8名年满16周岁的未成年工，将他们安排在生产车间。一年后，被当地劳动保障行政部门发现，并指派职业安全卫生检查机构进行检测，发现该厂生产车间由于缺少必要的劳动防护措施，粉尘浓度达到四级，严重超标。同时，经过调查了解，8名未成年工进厂后，厂方未按规定对他们进行健康检查。对此，劳动保障行政部门要求该厂在一个星期内调换8名未成年工的工作岗位，不得再安排他们从事有害作业；采取有效措施降低车间粉尘浓度，使之控制在国家规定的标准之内；每年对未成年工至少进行一次健康检查。

《劳动法》明文规定，不得安排未成年工从事矿山井下、有毒有害、国家规定的第四级体力劳动强度的劳动和其他禁忌从事的劳动。生产经营单位应当定期对未成年工进行健康检查。上例中，石料厂的做法严重违反了国家对未成年工实行特殊劳动保护的规定，侵害了未成年工的劳动保护权益。

在这里，还特别提醒那些想打工的未成年人，如果你尚未年满16周岁，请千万不要去工作，因为你正是上学的年龄，又处于身体成长发育时期，不适于参加工作。就算你出来了，一般生产经营单位也不会招用。如果生产经营单位招用了未满16周岁的童工，将会受到严厉的处罚。

五、从业人员安全生产的义务

新《安全生产法》在规定从业人员安全生产方面享有基本权利的同时，也赋予了其在安全生产方面的义务。主要有以下几点：

（1）从业人员在作业过程中，应当严格遵守本单位的安全生产规章制度和操作规程。生产经营单位根据《安全生产法》和其他有关法律、法规的规定，并结合本单位的实际，制定了具体的安全生产规章制度和操作规程，这是从业人员从事生产经营活动、确保生产安全的具体规范和依据。遵守规章制度和操作规程，是依法进行安全生产，生产经营单位的负责人和管理人员有权依照规章制度和操作规程进行安全管理，监督检查从业人员遵章守规的情况，从业人员必须接受并服从管理。对从业人员不服从管理、违反安全生产规章制度和操作规程的，生产经营单位应给予批评教育，依照规章制度给予处分；造成重大事故，构成犯罪的，依照刑法有关规定追究刑事责任。

（2）正确佩戴和使用劳动防护用品。按照新《安全生产法》第四十二条规定，为保障从业人员的人身安全，生产经营单位必须为从业人员提供必要的、安全的劳动防护用品，以避免或者减轻作业事故中的人身伤害。由于一些从业人员缺乏安全知识，认为佩戴和使用劳动防护用品没有必要，工作不方便，往往不按规定佩戴或者不能正确佩戴和使用劳动防护用品，由此引发了人身伤害，造成不必要的伤亡。因此，新《安全生产法》规定，正确佩戴和使用劳动防护用品是从业人员必须履行的义务，是保障从业人员人身安全和生产经营单位安全生产的需要。从业人员不履行该项义务而造成人身伤害的，生产经营单位不承担法律责任。

（3）从业人员应当接受安全生产教育和培训，掌握本职工作所需的安全生产知识，提高安全生产技能，增强事故预防和应急处理能力。不同的工作岗位、不同行业、不同生产经营单位和不同的生产经营设施、设备具有不同的安全技术特性和要求。从业人员的安全生产意识和安全技能的高低，直接关系到生产经营活动的安全可靠性。特别是从事矿山、建筑、危险物品生产作业和使用高科技安全技术装备的从业人员，更需要具有系统的安全知识，熟练的安全生产技能，以及对不安全因素和事故隐患、突发事故的预防、查处能力和经验。新《安全生产法》第五十五条规定："从业人员应当接受安全生产教育和培训，掌握本职工作所需的安全生产知识，提高安全生产技能、增强事故预防和应急处理能力。"这对提高生产经营单位从业人员的安全意识、安全技能，预防和减少事故人员伤亡，具有重要意义。

（4）从业人员发现事故隐患或者其他不安全因素，应当立即向现场安全生产管理人员或者本单位负责人报告；接到报告的人员应当及时予以处理。从业人员直接进行生产经营活动，他们是事故隐患和不安全的第一当事人。许多生产安全事故由于从业人员在发现事故隐患后，没有及时报告以致延误了采取紧急处理的时机，从而导致发生重大、特大事故。如果从业人员尽职尽责，及时发现并报告事故隐患和不安全因素，许多事故就能够得到及时有效处理，完全可以避免事故的发生和损失。新《安全生产法》第五十六条规定："从业人员发现事故隐患或者其他不安全因素，应当立即向现场安全生产管理人员或者本单位负责人报告；接到报告的人员应当及时予以处理。"这就要求从业人员必须具有高度的责任心，防微杜渐，防患于未然，及时发现事故隐患和不安全因素，预防事故发生。

〔案例导入〕

一天夜晚，一家商场的职工都下班了，一名电焊工为赶任务在二楼独自进行电焊作业。电焊火花从接板缝中落到了一楼，点燃了一楼存放的服装等物品，火一下子就着起来了，火苗直窜二楼。电焊工见势不妙，吓得连火警也没有报告就跑了。结果火越烧越大，等到周围群众发现火情、拨打"119"报火警、消防队赶到时，损失已经非常大了，一名值班人员也在火灾中遇难。

这起事故是由于电焊工违章作业导致火灾发生。而且电焊工在火灾发生后未及时报警，以致造成重大经济损失和人员伤亡。因此，必然受到法律的制裁。发现事故苗头或发生事故后，一定要在第一时间进行抢救并报警，防止造成更大的损失。

第二节　贯彻实施新《安全生产法》的意义、方针及措施

《安全生产法》第三条：安全生产工作应当以人为本，坚持安全发展，坚持安全第一、预防为主、综合治理的方针，强化和落实生产经营单位的主体责任，建立生产经营单位负责、职工参与、政府监管、行业自律和社会监督的机制。

《全国人民代表大会常务委员会关于修改〈中华人民共和国安全生产法〉的决定》，已由中华人民共和国第十二届全国人民代表大会常务委员会第十次会议，于2014年8月31日通过。国家主席习近平签署第十三号主席令，自2014年12月1日起施行。这是全国亿万职工的一件大事，也是广大劳动者的福音。

新《安全生产法》是我国安全生产工作领域中一部综合性大法，它进一步提出安全生产工作应当以人为本，充分体现了习近平总书记等中央领导同志的重要指示精神。认真贯彻落实《安全生产法》，对于牢固树立以人为本、生命至上的理念，防止和减少生产安全事故，保障人民群众生命安全，促进经济社会发展，具有重大的意义。

一、贯彻实施新《安全生产法》的意义

《安全生产法》自2002年11月1日实施以来，对预防和减少安全生产事故、保障人民生命财产安全发挥了重要作用。由于我国正处于工业化快速发展的进程中，安全生产基础仍然比较薄弱，安全生产责任制不落实、违法生产经营行为屡禁不止等问题较为突出，安全生产事故处于易发多发高峰期，特别是重特大事故尚未得到有效遏制，安全生产的各个方面工作亟待进一步加强。对此，党中央、国务院高度重视。按照中央领导同志的要求，在总结经验教训的基础上，对现行的安全生产法进行了修改完善，为促进安全生产形势持续稳定好转提供了更强大

的法律保障。

1. 新《安全生产法》的贯彻实施，有利于保护从业人员的生命安全

在物质生产活动中，人是第一要素，人是最宝贵、最活跃的生产力。生产经营单位的从业人员是各项生产经营活动最直接的劳动者，是各项安全生产法律权利和义务的承担者，又是安全生产事故的受害者或责任者。以人为本，生命至上，是修订《安全生产法》的根本理念。在生产经营活动中，各种不安全因素和事故，是威胁从业人员的大敌。只有坚持发展决不能以牺牲人的生命为代价这条红线，牢固树立以人为本、生命至上的思想，正确处理重大险情和事故应急救援中"保财产"还是"保生命"的问题，才能把不安全因素和事故隐患降到最小，预防和减少人身伤亡，这是社会进步与法制进步的客观要求。新《安全生产法》正是贯彻了以人为本的原则，在赋予法律主体必要权利的同时设定其应尽的义务，这就要求生产经营单位必须以对从业人员高度负责的精神和强烈的责任感，重视人的价值，关注安全，关爱生命。通过新《安全生产法》的贯彻实施，把安全生产事故和人员伤亡降到最低限度。

随着社会化大生产的不断发展和科学技术的迅猛进步，从业人员在生产经营活动中的地位不断提高，人的生命价值也越来越受到党和国家的重视。习近平总书记、李克强总理等中央领导同志强调指出，要始终把人民生命安全放在首位，发展决不能以牺牲人的生命为代价。关心和爱护从业人员的人身安全权利，是社会主义制度的本质要求，是实现安全生产的重要条件。重视和保护从业人员的生命权，是贯穿新《安全生产法》的主线，它有利于实施安全发展战略，有利于提高全社会安全意识，有利于进一步促进安全生产形势的稳定好转。

2. 新《安全生产法》的贯彻实施，有利于加强政府安全生产监管部门的执法力度

昆山粉尘爆炸事故、青岛中石化黄潍输油管线泄漏爆炸事故、吉林德惠特大火灾……一系列死伤惨重的生产安全事故到底是什么原因造成的？地方政府负有什么责任？新《安全生产法》都做了更加明确的规定，强化了"三个必须"(管行业必须管安全、管业务必须管安全、管生产经营必须管安全)的要求，各级人民政府及其领导人担负着发展经济、保一方平安的繁重任务和义不容辞的责任。新《安全生产法》规定，县级以上人民政府应当建立健全安全生产工作协调机

制，及时协调、解决安全生产监督管理中存在的重大问题。新《安全生产法》还明确了县级以上地方人民政府安全生产监督管理部门实施综合监督管理，有关部门在各自职责范围内对有关行业、领域的安全生产工作监督管理，发现事故隐患，应当及时处理。同时，新《安全生产法》明确了安全生产监督部门和其他负有安全生产监督管理职责的部门作为执法部门，依法开展安全生产执法工作，对生产经营单位执行法律、法规、国家标准或行业标准的情况进行监督检查。这就明确了各级人民政府在安全生产工作中的地位、任务和责任。只要各级人民政府真正把安全生产当作重要工作来抓，处理好安全生产与稳定发展的关系，加强领导，采取有力措施，就能够遏制重大、特大事故，促进地方经济的发展。

加大对违法生产经营单位的执法力度，是新《安全生产法》的一大亮点。新《生产安全法》规定，生产经营单位拒不执行停产停业等行政决定的，负有安全生产监督管理职责的部门可以采取通知有关单位停止供电、停止供应民用爆炸物品等方式，依法强制生产经营单位履行决定。新《安全生产法》还加大了对违法单位的处罚力度，尤其是加大对单位负责人的处罚。规定对发生事故的单位，按照事故等级分别处以十万元至五百万元的罚款。对生产经营单位的主要负责人未履行安全生产管理职责、导致发生安全生产事故的，按照事故等级分别处以其上一年年收入30%~80%的罚款；生产经营单位的主要负责人对重大、特大生产安全事故负有责任的，终身不得担任本行业生产经营单位的主要负责人。这些规定，必将对贯彻实施《安全生产法》、避免或减少发生生产安全事故发挥重要作用。

3. 新《安全生产法》的贯彻实施，有利于强化生产经营单位的安全生产责任

针对近年发生的重大、特大事故，新《安全生产法》把生产经营单位加强事前预防、强化隐患排查治理作为一项重要内容，生产经营单位建立生产安全事故排查治理制度，采取技术、管理措施及时发现并消除隐患，并向从业人员通报隐患排查治理情况。对生产经营单位主要负责人的安全生产职责、特种作业人员的资质、安全投入、安全建设工程和安全设施、安全管理机构和管理人员配置、生产经营现场的安全管理、从业人员的人身保障等安全生产保障措施和安全生产违法行为的法律责任，都做出了更加严格、明确的规定。对未建立隐患排查治理制度、未采取有效措施消除事故隐患的行为，设定了严格的行政处罚条例。这对促

进生产经营单位，尤其是非国有生产经营单位提高人员安全素质、严格规章制度和明确安全岗位责任制、改善安全技术装备、加强现场管理、消除事故隐患和减少事故、提高企业管理水平有着重要的作用。

对安全生产违法行为惩罚不力，是导致生产安全事故多发的重要原因之一。新《安全生产法》针对近年来主要的安全生产违法行为，设定了更加严厉的法律责任，其范围之广、力度之大都是空前的。同时赋予负有安全监管职责的部门对拒不执行执法决定、有发生生产安全事故现实危险的生产经营单位依法采取停电、停供民用爆炸物品等措施的权利，强制生产经营单位履行决定。只要坚持有法必依、违法必究、执法必严的原则，秉公执法，严惩那些安全生产违法犯罪分子，就能形成一个强大的法制氛围，实现安全生产。

4. 新《安全生产法》的贯彻实施，有利于促进经济社会发展

生产经营活动中的不安全因素，在一定条件下就会引发生产安全事故。造成事故的原因是多方面的，直接的原因是物（包括环境）的不安全状态和人的不安全行为；间接的原因是管理上的缺陷。因此，要以预防为主，防患于未然，从事故的基本构成要素，即人、物、自然环境和社会环境各个方面去观察分析不安全状态、不安全行为和管理上的缺陷，研究事故发生的规律，找出防止和减少安全生产事故的规律和规范准则，用法律的形式加以规定，尽一切可能消除事故隐患，变不安全因素为有安全保障，这也就是新《安全生产法》"安全第一、预防为主、综合治理"方针的具体体现。

近年来，我国每年因各类事故造成的人员死亡高达十多万人，伤残数十万人。此外还有几十万的职业病患者。我国每年因事故造成的经济损失是十分惊人的，由此造成对我国经济发展的近期和远期的消极作用难以估量。所以，只有高度重视安全生产，不断改善劳动条件，才能保障生产经营活动得以正常进行，才能充分调动从业人员的积极性，提高劳动生产率。所以说，搞好安全生产不仅是保障人民生命和财产安全的需要，也是促进国民经济发展的强大推动力。那种把安全生产和发展经济对立起来的观点是完全错误的。

5. 新《安全生产法》的贯彻实施，有利于提高从业人员的安全素质

从业人员安全素质的高低，直接关系到能否实现安全生产。安全生产，既是从业人员神圣的权利，又是义不容辞的义务。针对大批从业人员安全素质偏低的问题，新《安全生产法》在赋予从业人员安全生产权利的同时，又进一步规定

了他们必须履行遵章守规、服从管理、接受培训、提高安全技能，及时发现、处理、报告事故隐患和不安全因素等法定义务及其法律责任。如果从业人员切实履行这些法定义务，逐步提高自身的安全素质，提高安全生产技能，就能够及时有效地避免和消除大量的事故隐患。

安全生产，人人有责。实现安全生产，必须通过教育培训、监管执法等活动，增加全民的安全法律意识。新《安全生产法》赋予从业人员在安全生产方面的参与权、知情权、避险权、监控权、求偿权和诉讼权，其目的不仅是在维护他们的合法权益，还在于促使他们在各项生产经营活动中重视安全，保证安全，自觉遵守安全生产法律、法规，养成自我保护、关心他人和保障安全的意识，协助政府和生产经营单位，同违反安全生产法的行为做斗争，使关心、支持、参与安全生产工作成为每个公民的自觉行动。

二、安全生产工作的基本方针

新《安全生产法》规定："安全生产工作应当以人为本，坚持安全发展，坚持安全第一、预防为主、综合治理的方针。"

所谓的"方针"，是指指导一个领域、一个方面各项工作的总的原则，这个领域、这个方面的各项具体制度、措施，都必须体现这个方针的要求。新《安全生产法》在总结我国安全生产管理实践经验的基础上，确定了"安全第一、预防为主、综合治理"为我国安全生产工作的基本方针，从而明确了安全生产的重要地位、主体任务和实现安全生产的根本途径。

1."安全第一"的方针

"安全第一"是相对生产而言的。就是说，"安全第一"要求从事生产经营活动必须把安全放在首位，不能以牺牲人的生命、健康为代价换取发展和效益。在生产经营活动中，当生产和安全发生矛盾时，必须先解决安全问题，要始终把安全，特别是从业人员的人身安全放在首要的位置，实行"安全优先"的原则，"决不能以牺牲人的生命为代价"。在确保安全的前提下，努力实现生产经营的目标，推动企业的发展。

安全生产，是以保证生产经营过程中的人身安全和财产安全为目标的活动。从根本上说，保证生产安全与生产经营活动本身的目标是一致的。因为就各方面对生产经营活动本身的目标期望而言，经营者希望取得更大的盈利，得到尽可能多的投资回报；从业人员希望获得更多的劳动报酬，增加个人收入；政府希望提供更多的就业岗位，增加社会需要的产品或服务的供应，促进社会的稳定和繁荣。而要使生产经营活动自身所承载的这些目标能够实现，前提就是必须保证生产安全。如果不能保证生产安全，在生产经营活动中发生人身伤亡或财产损失的事故，那么经营者、劳动者和政府所期望获得的目标就难以实现或者要大打折扣，甚至还会给各方面造成巨大损失。

当然，对于"安全第一"的方针也要有全面正确的理解。我们说"安全第一"，不是说在生产经营活动中只注重安全生产，而不注意生产经营活动目标任务的完成，也不是说用于安全生产的投入越多越好，安全系数越高越好，更不能理解为了保证安全而将一些高危作业统统关掉。而是要在保证生产安全的同时，促进生产经营活动的顺利进行，促进经济的快速健康发展。许多生产经营单位提出的"生产必须安全，安全为了生产"行为准则，是与"安全第一"的方针一致的。可以说，有了安全，不一定就有一切，但没有安全，一切都没有。从目前的实际情况看，还存在着许多不尽如人意的地方：有些生产经营单位不能正确处理发展经济、追求效益与保证生产安全的关系，安全生产工作就像橡皮筋，任务轻时抓一下，任务重时就忘记抓，安全生产管理混乱；有些生产经营单位片面追求发展速度，忽视甚至放弃安全生产管理，致使安全生产基础工作薄弱，规章制度松弛，安全责任制形同虚设，不具备安全生产条件；一些生产经营单位没有必要的安全管理机构和人员，生产经营单位负责人的安全责任制不明确，有关事故追究制度不落实；一些生产经营单位安全生产投入严重不足，生产经营单位安全技术装备老化、落后，甚至带病运转作业，存在大量事故隐患；还有一些私营生产经营单位老板见利忘义，要钱不要命，公然违法生产经营，导致事故不断发生，等等。鉴于存在的这些问题，在安全生产法中重申了"安全第一"的方针，更显得尤为必要。

2."预防为主"的方针

所谓"预防为主"，就是说要把安全生产工作的重心放在预防上，强化隐患排查治理，"打非治违"，从源头上控制、预防和减少生产安全事故。对安全生产的管理，主要不是在发生事故后去组织抢救，进行调查，找原因、追责任、堵漏洞，这些当然都是安全生产管理工作中不可缺少的重要方面，对事故预防也有亡羊补牢的作用。但是，相比较而言，如果我们能事先做好预防工作，防微杜渐、防患于未然，把事故隐患及时消灭在萌芽状态，这是最理想的。因为事故不同于其他事情，一旦发生事故，其后果是很难挽回的，许多情况下是根本无法挽回的。在这方面，河南中平能化集团七星公司班长白国周创造的"白国周班组管理法"很值得学习推广。其中查隐患"三不少"(班前检查不能少，班中排查不能少，班后复查不能少)的工作法，对于贯彻执行"预防为主"的方针具有很好的作用。

我们常说，隐患猛于虎。对于一些特殊职业，任何一个小小的隐患都可能酿成安全事故。因此，及时处理现场隐患是保证安全生产的重要组成部分。过去讲"治未病"，也就是在还没有"发病"时，还没有发生事故之前，只要是违法生产，一旦查出来就要惩处，要把惩处重点放在安全事故发生之前。一旦发生事故，死了人，这个损失是多少？这不是用罚款多少能衡量的。事后处罚能不能起到作用？对于全社会可能会直接起到一些警示教育作用，但对于挽救此次事故造成的人民生命财产的损失已经没有意义了。因此，绝不能以罚代刑。对每一个新的项目立项，要像环保审批一样，对其项目工艺、设备、环境安全隐患、防范措施等要素给予认真审核和评估，切不可带"病"先生产后完善。对审核的项目，特别是敏感性高危行业的生产经营单位，谁审核、谁终生负责，切实从源头入口严格把关。因此，做好预防工作就是落实"安全第一"的最主要的工作。离开了"预防为主"，"安全第一"也是一句空话。

3．"综合治理"的方针

所谓"综合治理"，就是要求运用行政、经济、法制、科技等多种手段，充分发挥社会、职工、舆论监督各个方面的作用，抓好安全生产工作。安全生产工作是一项宏大的系统工程，单靠几个单位或者几个部门很难完成，必须动员全社会的力量才能做好。新《安全生产法》提出安全生产工作要坚持"综合治理"的方针，就是要建立生产经营负责、工会和职工参与、政府监管、行业自律和社会监督的综合管理机制。在这个综合管理机制中，落实生产经营单位责任是主体，职工参与是基础，政府监管是关键，行业自律是方向，社会监督是保障。为了理顺关系、明确职责，新《安全生产法》进一步规定了各级安全生产监管部门依法对安全生产工作实施监督管理。这有利于综合监督部门与专项监督管理部门依法各司其职、相互协同、齐抓共管、综合治理，共同做好安全生产监督管理工作。

为了发挥乡镇街道基层社区组织和舆论对安全生产工作的监督，协助政府和安全生产监督管理部门做好查处安全违法行为，新《安全生产法》专门规定了乡镇街道居民委员会、村民委员会加强对本行政区域内生产经营单位安全生产状况的监督检查，协助上级人民政府有关部门依法履行安全生产监督管理职权，从而把各级人民政府及其安全生产监管部门的监督范围扩大到全社会，延伸到城镇街道和农村，形成了全社会监管安全生产工作的局面。

三、从业人员的权利、义务和责任

生产经营单位的从业人员是各项生产经营活动最直接的劳动者，也是各项安全生产法律权利和义务的承担者。为了保障从业人员享有安全的生产劳动条件和环境，确保从业人员在劳动过程中的安全和健康，国家制定了劳动安全卫生方面的法律、法规，对生产经营单位做出严格的要求，并赋予从业人员在安全生产方面应享有的权利和义务。

新《安全生产法》第六条规定："生产经营单位的从业人员有依法获得安全生产保障的权利，并应当依法履行安全生产方面的义务。"由于生产经营单位的所有制形式、规模、行业、作业条件和管理方式多种多样，法律不可能也不需要对其从业人员所有的安全生产权利都做出具体规定，新《安全生产法》主要规定了各类从业人员必须享有的、有关安全生产和人身安全的最重要、最基本的权利。

1. 从业人员享有的安全生产权利

按照新《安全生产法》和相关法律、法规规定，从业人员享有的基本安全生产权利，主要概括为以下几项：

（1）有权了解所在单位的作业场所和工作岗位存在哪些危险，可能发生哪些事故和伤害，如何防范和施救。

（2）有权接受安全生产教育和培训，以掌握本职工作所需的安全生产知识，提高安全生产技能和事故预防、处置能力。

（3）有权获得保障自身安全与健康的劳动条件和防护用品。

（4）有权对本单位安全生产管理工作提出自己的想法和建议。

（5）有权对本单位安全生产工作中存在的问题提出批评、检举、控告，单位不得进行打击报复。

（6）当用人单位违章指挥和强令冒险作业时，从业人员有权拒绝。生产经营单位不得因从业人员拒绝违章指挥或冒险作业，而对其降低工资、福利待遇或解除劳动合同。

（7）在发生直接危及从业人员自身安全的紧急情况时，有权停止作业，或者在采取相应的应急措施后撤离作业场所。

（8）从业人员因安全事故受到伤害或患职业病时，除有权依法享有工伤保险待遇外，还可以依照民法相关规定，向本单位提出赔偿要求。

另外，女性从业人员、未成年工除享受上述安全生产权利外，还可以依法享有一些特殊的劳动安全保护权利。

新《安全生产法》虽然强调了从业人员安全生产的权利，但大量的安全生产事故表明，即便是从业人员发现了隐患，也不敢提意见，更不能"拒绝上岗"。如何保证从业人员充分地利用好自己的权利，这是贯彻落实新《安全生产法》面临的一大课题。从业人员最了解哪些地方有安全隐患，因此，要做好安全生产工作，就要加大新《安全生产法》的执法力度。一是强化惩罚力度，对于"违章指挥的、强令工人冒险"作业的生产经营单位负责人必须加重处理；二是加大奖励力度，要让职工敢于说话，一旦职工举报属实，应当给予重奖，甚至因为举报被炒的，政府应该给其重新安排就业，必须有工作生活保障；三是加大监督力度，要让从业人员参与安全监督，使对安全生产的监督成为真正的监督。

2. 从业人员安全生产的义务

权利与义务是对等的。没有无权利的义务，也没有无义务的权利。从业人员依法享有权利，同时也必须承担相应的法律义务。

新《安全生产法》进一步明确了从业人员安全生产的义务和责任，具有重要意义。一是安全生产是从业人员最基本的义务和不可推卸的责任。二是从业人员必须尽职尽责，严格照章办事，不得违章违规。三是从业人员不履行法定义务，必须承担相应的法律责任。四是为事故处理及其从业人员责任追究提供了法律依据。

从业人员安全生产的义务主要有四项：

（1）遵守规章制度、服从管理。新《安全生产法》第五十四条规定："从业人员在作业过程中，应当严格遵守本单位的安全生产规章制度和操作规程，服从管理……"从业人员必须严格遵守生产经营单位的规章制度和操作规程，必须接受并服从生产经营单位的负责人和管理人员的管理。从业人员不服从管理，违反安全生产规章制度和操作规程的，由生产经营单位给予批评教育，依照有关规章制度给予处分；造成重大事故，构成犯罪的，依照刑法有关规定追究刑事责任。

（2）正确佩戴和使用劳动防护用品。正确佩戴和使用劳动防护用品，是避免或者减轻作业和事故中人身伤害的重要措施。新《安全生产法》中明确规定，生产经营单位的从业人员要"正确佩戴和使用劳动防护用品"。这是保障从业人员人身安全和生产经营单位安全生产的需要，是从业人员必须履行的法定义务。从业人员不履行该义务而造成人身伤害的，生产经营单位不承担法律责任。

（3）接受教育和培训，掌握安全生产知识和技能。从业人员安全素质的高低，直接关系到生产经营活动的安全可靠性。新《安全生产法》第五十五条规定："从业人员应当接受安全生产教育和培训，掌握本职工作所需要的安全生产知识，提高安全生产技能，增强事故预防和应急处理能力。"这对提高从业人员的安全生产意识和安全生产技能，预防和减少事故人员伤亡，具有重要作用。

（4）发现事故隐患及时报告。新《安全生产法》第五十六条规定："从业人员发现事故隐患或者其他不安全因素，应当立即向现场安全生产管理人员或者本单位负责人报告；接到报告的人员应当及时予以处理。"这就要求从业人员必须具有高度的责任心和安全感，防微杜渐，防患于未然，及时发现事故隐患和不安全因素，预防事故发生。

3. 从业人员安全生产的责任

安全生产不仅关系到从业人员个人的安危，而且可能会因为其小小的过失，给生产经营单位、他人甚至社会带来灾难。根据新《安全生产法》的规定，按照事故造成的危害程度，对安全事故的责任人要追究行政责任和刑事责任。

新《安全生产法》第一百〇四条规定："生产经营单位的从业人员不服从管理，违反安全生产规章制度或者操作规章的，由生产经营单位给予批评教育，依照有关规章制度给予处分；构成犯罪的，依照刑法有关规定追究刑事责任。"这里提出了两种责任的法律界定：一种是民事责任，另一种是刑事责任。责任的性质不同，处理的手段和形式也不同。

（1）民事责任。是指生产经营单位的从业人员不服从管理，违反安全生产规章制度或者操作规程的。对其处理办法有：

①由生产经营单位给予批评教育。即由生产经营单位对该从业人员由于违反规章制度和操作规程的行为进行批评，同时对其进行有关安全生产方面知识

的教育。

②依照有关规章制度给予处分。这里讲的"规章制度"，包括企业依法制定的内部奖惩制度。根据国务院颁布的《企业职工奖惩条例》的规定，处分包括：警告、记过、记大过、降级、撤职、留用察看、开除7种。具体给予哪种处分，需根据从业人员违反规章制度行为情节决定。

（2）刑事责任。是指从业人员造成重大事故，构成犯罪的。这里讲的"构成犯罪"，主要是指构成《中华人民共和国刑法》第一百三十四条规定的重大责任事故的犯罪。构成本条规定的犯罪，主要包括两点：

①从业人员在客观上实施了不服从管理、违反规章制度的行为。

②造成重大事故。

《中华人民共和国刑法》第一百三十四条规定：在生产、作业中违反有关安全管理的规定，因而发生重大伤亡事故或者造成其他严重后果的，处三年以下有期徒刑或者拘役；情节特别恶劣的，处三年以上七年以下有期徒刑。

强令他人违章冒险作业，因而发生重大伤亡事故或者造成其他严重后果的，处五年以下有期徒刑或者拘役；情节特别恶劣的，处五年以上有期徒刑。

四、学习贯彻新《安全生产法》的措施

新《安全生产法》的公布实施，标志着我国安全生产法制建设进入了一个新的阶段。《安全生产法》作为我国安全生产的综合性法律，具有丰富的法律内涵和规范作用，它充分反映了以人为本的社会本质，体现了依法治国的基本方略。全国亿万职工和各行业的从业人员，一定要从讲政治、保稳定、促发展的高度，学习、宣传、贯彻新《安全生产法》，深刻领会内容精神，认清自己的安全生产权利、义务和责任，提高安全生产的法律意识，坚决遏制重大、特大事故的发生，为促进经济发展和保持社会稳定做出更大贡献。

1. 大力学习宣传新《安全生产法》

学习宣传贯彻新《安全生产法》，是当前和今后一个时期广大从业人员的重要任务，必须动员广大职工积极参与。应当采取多种形式，利用各种传播媒体，集中多方力量，大力学习宣传《安全生产法》，使《安全生产法》被广大职工群众所掌握，变为职工的自觉行动。同时，充分发挥职工群众的民主监督作用，对各级政府、有关部门及对本单位执行《安全生产法》进行监督，使新《安全生产法》真正得到有效贯彻落实。生产经营单位要针对自己的生产经营特点，有重点

地对从业人员进行安全生产法的培训，使管理人员和从业人员都能知法、懂法、用法，做到管理人员不违章指挥，作业人员不违章作业，人人增强安全生产意识加强自我保护，防止和减少安全生产事故的发生。

2. 加强对从业人员进行安全生产的教育和培训

当前，生产经营单位要集中时间、集中力量抓好新《安全生产法》的教育培训。对从业人员要分层次，联系实际，采取多种途径，制定合乎职工需要的培训规划。在教育培训的形式上，力求多元化，可以采取走出去、请进来、联合办学的形式，发挥各方面的积极性，多条腿走路。也可以把从业人员分期分批送到教育培训中心办班进行培训，开展轮训；可以聘请有经验的老师、专家来本单位授课，或与有关学校联合办学，在本单位设分校、教育培训中心等。生产经营单位要健全教育培训机制，完善教育培训制度，使教育培训工作走上正规化的轨道。要注意解决教育培训中的实际困难，发现问题及时解决。

3. 强化安全生产责任制度

安全生产责任制度是生产经营单位安全生产规章制度中的重要组成部分。做好安全生产工作，落实生产经营单位主体责任是根本。生产经营单位的主要负责人应对本单位的安全生产工作全面负责，其他各级管理人员、职能部门、技术人员和各岗位操作人员，应当根据各自的工作任务、岗位特点，确定其在安全生产方面应做的工作和应负的责任，并与奖惩制度挂钩，形成从生产经营单位主要负责人到各岗位操作人员，人人都有明确的安全生产责任，人人都按照自己的职责做好安全工作。同时，要对发生的事故，做到"三不放过"：事故原因分析不清不放过，事故责任者没有受到教育不放过，没有制定防范措施不放过。只有这样，生产经营单位的安全生产工作才能真正落到实处，安全生产才能得到切实保障。

4. 充分发挥工会组织在安全生产工作中的作用

维护职工在安全生产工作中的合法权益，保证其在生产经营活动中的人身安全，是工会履行基本职责的重要内容。工会对生产经营单位建设项目的安全设施与主体工程同时设计、同时施工和同时投入生产和使用的情况要进行监督，参加竣工验收，提出意见。发现生产经营单位违章指挥、强令工人冒险作业或者生产过程中发现重大事故隐患，要及时提出解决的意见；发现危及职工生命安全的情况时，要立即建议生产经营单位组织职工撤离危险现场。对侵害职工在安全生产方面合法权益的要进行调查，并代表职工与生产经营单位进行交涉，要求单位采取措施予以改正；单位拒不改正的，工会可以请求当地人民政府依法处理。工会要积极参加对安全生产事故的处理，向有关部门提出处理意见。工会应当依照安全生产法的规定，在安全生产方面替工人说话，为工人办事，认真履行其在保证职工生产安全方面的合法权益的职责。

5. 大力提升农民工的安全素质

改革开放以来，随着我国用工制度的改革，大量的农民涌入生产经营单位，成为主要的劳动力。据统计，进城务工人员已成为各类生产安全事故高发的主要群体。因此，对这部分从业人员，要制订详细的教育培训计划，培训时间不得低于国家有关规定，保证有一周左右的集中培训时间。当生产经营单位采用新工艺、新技术、新材料或者新设备时，必须使农民工详细了解和掌握这些新工艺、新技术、新材料或者新设备的技术特性，编制专门的教育培训教材。对从事这些工作的农民工要进行安全生产教育培训，提高他们的安全生产素质，确保农民工尽快掌握这些新工艺、新技术、新材料和新设备，以避免或减少伤害人员事故。

第三章　安全生产培训机构体系与建设

第一节　安全生产培训机构概述

一、安全生产培训机构的作用和职能

随着人类社会进入21世纪，不断学习和培训已经成为人们生活中的一个基本活动，建立学习型社会的意识已经得到大多数国家及其政府部门的认可，培训已经成为政府和企事业单位获得高效人力资源的一个重要途径。从教育角度看，培训属于职业教育的一个重要形式，和普通教育一样，是教育体系的一个重要组成部分。一个人接受普通国民教育是短暂的几年，而接受培训则是贯穿其一生。安全培训机构是安全培训的载体，要取得一流的安全培训效果，必须建设一流的安全培训机构。

安全培训机构是安全培训工作的执行单元，是安全生产培训体系中的重要组成部分，安全培训负责为安全生产提供重要的人力资源服务。安全培训机构具有如下职能：①负责安全培训方案策划、培训组织管理及质量测评工作；②负责安全培训师资队伍建设工作；③负责安全培训教材的编写和审定工作；④负责安全培训考核工作；⑤负责培训后勤服务工作。

二、我国安全培训机构的历史发展沿革

我国非常重视培训工作，中华人民共和国成立以后，国家建立了许多重要的干部教育培训机构，例如中央党校，国家行政学院，延安、浦东、井冈山干部学院，各省、自治区和直辖市都建立了直属的党校和行政学院。中石化、中石油、联想集团等大型企业都建立了自己的培训机构，其办学设施、师资队伍和知名高等院校相比，不相上下。很多高校的知名教授也是这些培训机构的任课教师。

我国的安全生产培训工作自1952年创立企业"三级安全生产教育体系"以

来，一直向制度化、体系化和社会化方向发展。1979年，原国家劳动总局发布《关于建立劳动保护教育室的意见》，全国大中型企业先后建立了3 000多个劳动保护教育室。1980年，国家在全国建立了一些劳动保护宣传教育中心。1982年，原劳动人事部又发出了《关于尽快建立劳动保护宣传教育中心的通知》。1980年以来，全国建立了82个地（市）级以上的劳动保护宣传教育中心。1994年，原劳动部批准成立了职业安全卫生培训中心。1998年，原国家经济贸易委员会发布《特种作业人员安全技术培训考核管理办法》。

1983年，原煤炭工业部投资1.7亿元，在全国兴建了38所煤矿安全技术培训中心。1987年，原煤炭工业部制定了《煤矿职工安全技术培训条例》，1994年修订为《煤矿职工安全技术培训规定》。此外，民航、铁路、交通、建筑等行业在安全生产培训体系建设方面也取得了良好的效果。20多年来，各级安全培训机构开展了矿长任职资格培训，区队长、班组长、安全监察（检查）员安全工作资格培训，特种作业人员培训和新工人安全教育等，全国建立了760多个煤矿安全教育室。

国家安全生产监督管理总局、国家煤矿安全监察局相继成立以后，依照中央机构编制委员会办公室（以下简称"中编办"）赋予的培训监管职能，国家安全生产监督管理总局加大了对安全培训机构的监管职责，相继发布了《关于生产经营单位主要负责人、安全生产管理人员及其他从业人员安全生产培训考核的意见》（安监管人字〔2002〕123号）、《安全生产培训管理办法》（国家安全生产监督管理局、国家煤矿安全监察局令第20号）、《关于加强煤矿安全培训工作的若干意见》（安监总培训字〔2005〕91号）和《生产经营单位安全培训规定》(国家安全生产监督管理总局令第3号)等一系列规范性文件，这些文件对培训对象、培训机构设置、培训师资等培训的相关条件规定了明确标准，为安全生产培训监管提供了具体的法律依据。

煤矿、非煤矿山、建筑、石油石化、航空、消防等高风险行业和系统都拥有自己的培训中心，已经初步形成了相对完善的安全培训体系。各个行业的企业负责人、安全生产管理人员都有专门的培训机构为其培训，一些培训机构的水平已经达到国际先进水平。例如，设立在重庆的武警消防培训基地，不仅负责全国的消防战士业务培训，还为企业提供培训服务，其培训设施已经可以同国外先进培训机构媲美。中国煤矿安全技术培训中心成立以来，一直探索教培相长的机制，不断加强安全培训与普通教育和科学研究工作的联系，充分利用校内师资等教育资源和科学研究的最新成果为安全培训服务，同时借助安全培训工作的开展，有效地推动了安全工程类专业的建设和学生的实习与就业工作，实现了教培相长。

三、我国的安全培训机构体系

我国安全生产培训机构分成四级，各级机构培训对象、内容和承担的培训职责既明显不同，又相互补充和衔接。其中，一级机构可以承担省级以上安全生产监督管理部门、煤矿安全监察机构的安全生产监察员、煤矿安全监察员，中央企业的总公司、总厂或者集团公司的生产经营单位的主要负责人和安全生产管理人员，危险化学品登记人员，承担安全评价、咨询、检测、检验工作的人员，注册安全工程师和一级以下安全培训机构教师的培训工作。二级机构可以承担市、县级安全生产监督管理部门的安全生产监察员，省属生产经营单位和中央企业的分公司、子公司及其所属单位的主要负责人和安全生产管理人员，危险化学品登记人员，承担安全评价、咨询、检测、检验工作的人员，注册安全工程师和二级以下安全培训机构教师的培训工作。三级机构可以承担特种作业人员，市(地)属生产经营单位的主要负责人、安全生产管理人员的培训工作。四级机构可以承担除一、二、三级机构规定以外的生产经营单位从业人员的培训工作。上一级安全培训机构可以承担下一级安全培训机构的培训工作。

第二节 安全生产培训机构管理

一、安全生产培训机构资质认定与复审

1. 资质认定与复审原则

对安全培训机构的培训资质进行认定和复审是安全生产监管监察工作中的一项新内容。要做好这项工作，首先要制定好认证和复审标准，做到认证和复审工作有法可依。依据《中华人民共和国行政许可法》《安全生产培训管理办法》以及《一、二级安全培训机构认定标准(试行)》(以下简称《标准》)等有关规定，国家安全生产监督管理总局对安全培训机构的设置采取自由申报、资格审查和动态管

理的原则，允许符合条件的安全培训机构按照规定程序申报一、二级安全培训资质，国家安全生产监督管理总局组织专家对申报材料进行审核，对符合条件的机构的资质依法给予认定，对已经取得资质的培训机构按规定进行复查，对培训质量差、管理混乱等不符合条件的培训机构按照规定进行淘汰。

2. 评审组织工作

每次评审检查，国家安全生产监督管理总局人事司都非常重视，认真研究，制定方案，印发评审检查工作的通知，明确具体工作安排和要求，编印有关材料，召开评审人员动员会，组织专家组成员认真学习《标准》和相关文件，使评审人员进一步加深对《标准》的理解，统一评审尺度。同时，确立"以评促改、以评促管、以评促建、以评促发展"的评审原则，反复重申"公正、公平、公开"的工作要求，强调"廉洁、回避、保密"等工作纪律。

3. 选聘专家组成员

专门选聘熟悉安全教育培训工作的同志组成专家组。2008年抽调20多名熟悉培训业务的同志，组成5个现场评审检查专家组，于2008年7月21日至8月31日对涉及全国26个省（区、市）109家一、二级安全培训机构（其中，资质到期需复审检查的91家，新申报需资质认定的18家）进行了复审检查和资质认定。2009年抽调16名熟悉培训业务的同志，组成5个专家组，于9月11日至9月30日，对资质到期的71家一、二级安全培训机构进行了复审检查。2010年抽调16名熟悉培训业务的同志，组成5个现场评审检查专家组，于10月11日至10月23日对涉及全国20个省（区、市）48家（其中，复审检查27家，资质认定21家）一、二级安全培训机构进行了复审认定现场核查。

4. 基本评审程序

一是制定评审工作方案，编印文件汇编和复审表格。二是召开复审专家动员会，明确复审原则和工作要求，强调工作纪律，并与复审专家签订责任书。三是组织专家组成员认真学习《标准》和相关文件，以提高认识，统一打分尺度。四是在复审前，书面通知省级安全监管监察部门和被复审机构。五是邀请被复审机构所在地省级安全监管监察部门培训处室负责人参加。六是专家组复审开始前向被查机构宣布复审工作规则和廉政要求，在复审结束后请被查机构填写《现场核查专家组表现情况表》，全程接受被查单位的监督。七是专家组严格按照《标准》，采取听、查、看、问、评等方式认真进行复审，即：听取被查培训机构三年来安全培训情况的自查报告及省级安全监管监察部门有关负责人的意见，查阅培训机构的法人证书、培训档案等材料，现场考察教室、实验室、计算机室、阅览室、学员宿舍等教学和生活设施，通过召开座谈会和个别谈话的方式了解有关情况。将复审情况向被复审机构及省级安全监管监察部门进行反馈，沟通意见，提出建议；对照《标准》逐项评议打分，由小组共同研究，提出初步复审意见，撰写各机构和小组的复审报告。八是现场核查结束后，在北京召开复审专家参加的汇总会，提出复审情况总报告和打分汇总表。九是国家安全生产监督管理总局研究专家组意见并确认复审评估结果。

二、安全培训机构存在的问题

尽管我国安全培训机构建设取得了一些成绩，但是与我国安全生产状况相比，还存在很多需要改进的问题；与面临的培训任务相比，还明显存在能力不足；与国外先进培训机构相比，还存在很大差距。具体体现在以下方面：

1. 培训内容滞后

培训内容与学员培训需求存在明显的差别，很多培训机构在策划和设计培训方案时，不考虑学员的培训需求，不考虑技术进步对安全生产的推动，只是照抄照搬现存的培训大纲，课程设置单一、枯燥，不具备先进性；多数培训机构不注重培训需求调研，课程设计针对性不强，培训内容与实际贴得不紧。针对安全生产领域存在的突出问题等所开设的专题培训非常薄弱，还不能针对企业安全生产暴露的安全隐患、安全技术和管理难题，及时提供相应的培训服务，不能及时把我国安全生产领域发生的典型案例中暴露的技术问题、管理问题引入培训内容。

2. 培训设施落后

很多培训机构教学采用传统的"黑板+粉笔"的教学模式，教学效率低下；对需要进行演示、试验验证的培训内容，缺乏实践教学设施和设备，严重影响培训效果；文体活动设施简陋，不利于学员学习之余开展必要的文体活动，住宿设施不利于学员交流。

3. 培训方法陈旧

普遍采取学历教育的灌输式教学模式，没有采用以问题为导向、以学员为主体的培训模式，效率低下。教学缺乏吸引力和感染力，培训效果差。一些中小企业没有针对员工特别是农民工文化素质低、接受能力差的特点，采取有效的方法措施对员工进行培训，培训有名无实，流于形式。

4. 机构职能单一

很多一、二级安全培训机构只能从事具体培训班的教学任务，在培训项目策划和设计、培训教材编写、项目研究等方面非常薄弱，甚至缺乏这些职能。

5. 教师队伍整体上不能适应培训需求

很多教师缺乏现场实践经验，对培训方法缺乏了解和研究，不了解学员培训需求，不能适应安全培训需要。部分安全生产培训教育机构的师资专业结构不能满足其规定的安全培训要求，各级机构理论基础扎实、实践经验丰富、熟练掌握现代培训方式方法的教师普遍比较缺乏。

6. 教材不符合培训教学特点

教材沿袭学历教育教材模式，更新速度慢，教材内容陈旧，不能反映最新安全技术、法律法规和安全管理的最新状况；教材编写模式陈旧，普遍采用叙述式，比较枯燥；教材开发缺乏统一规划，编写、审定和推荐使用良性机制尚未形成，全国安全培训优秀教材不多。

7. 行业分布不均衡

在行业分布方面，高危行业中煤矿、非煤矿山等国有重点企业相对较好，其他行业培训能力弱。在企业培训能力方面，国有企业普遍优于民营企业，大中型企业强于小企业，众多中小企业特别是非公有制小矿山、小化工等，基本不具备培训条件。

三、不同类别安全培训机构的特性

（一）我国目前的培训机构分类

按照机构性质和行业类别共有两种划分方法。

1. 按照机构性质划分

（1）高等院校举办的安全培训机构。这一类培训机构分成两种管理模式：一种是以学校（院）作为培训机构的法人，其资产和人事关系隶属于学校(院)，培训机构是学校的一个下属机构；第二种是安全培训机构作为学院的相对独立的组成部分，其资产管理、人事任命相对独立，但是管理权属于学校。

（2）安全监管监察部门直属的安全生产培训机构。

（3）大型企业直属的安全培训机构。

（4）民营企业举办的安全培训机构。

（5）其他行业部门直属的培训机构。

2. **按照行业类别划分**

按行业类别共划分为六类：

（1）煤矿。

（2）金属非金属矿山。

（3）石油天然气开采。

（4）危险化学品。

（5）烟花爆竹。

（6）其他。

前五个行业为国家认定的高危行业，其他是指其他非高危行业中存在一定风险的部分生产经营单位，或者有专门部门管理的一些行业，如航空、消防、建筑、交通等行业。

（二）不同类别培训机构特性

1. **安全监管监察部门直属培训机构**

此类培训机构与监管监察部门关系密切，均属于直属机构，承担着一定的监管监察部门委托的培训管理职能，培训任务比较充足，制度比较健全，培训管理比较规范。从得分情况上看，大多为良好档次，优秀较少，较差及未评分也占一定比例。其主要原因是这类机构培训场地、教学设施、实操设备不够完善，大多没有自己的培训基地，专职教师数量和专业结构与《标准》要求有一定差距。

2. **政府其他部门所属培训机构**

此类机构大多数承担有政府职能，是政府的直属事业单位，领导班子健全，内设机构合理，规章制度比较完善，大多有一套较为成熟的办学模式，培训组织管理比较规范，办公场所固定，培训任务较满，工作量较大。评分皆为良好档次。但普遍存在培训场地、教学设备、实验操作设备、后勤保障设施不完善、不独立等问题，多数采取协议租用形式开展培训。

3. **大专院校和科研院所**

此类机构师资力量较为雄厚，教学场所、实验、后勤服务设施等资源优势比较明显。多数院校对安全培训工作比较重视，培训任务比较饱满，安全培训、学历教学、科学研究相互促进、共同发展，产、学、研一体化，做到教培相长。从得分情况上看，大多为良好档次，优秀较少。其主要原因是没有严格把培训与学历教育区别开来，培训组织管理不够规范，培训管理人员配备较少，没有充分发挥培训机构作用等。

4. 企业培训机构

此类机构整体状况非常好，大部分为优良档次，较差的较少。其主要原因是多数大、中型企业非常重视培训工作，把安全培训工作作为一项重要工作来抓，在培训机构建设投入较大，在人员管理上有保障，并注重将一些先进管理方法和培训理念应用于安全培训领域。基础设施比较完善，培训管理制度健全，依托企业办培训针对性较强，效果明显。但这类机构师资水平总的来讲还有待提高，主要为本企业服务，作用没有很好发挥。

第三节　建立国际水平的安全生产培训机构

一、世界知名培训机构简介

世界上安全生产先进国家都建立有自己的安全培训机构。例如，设立在美国西弗吉尼亚州伯克利的美国国家矿山安全健康学院就是美国7个国家学院之一，负责全美国矿山安全监察员、矿长和安全生产管理人员的安全培训工作，学员在学院学习的课程，可以作为其在普通高校攻读硕士学位的课程。美国许多州都有适于矿工培训的专科院校，比如亚拉巴马州的比维尔州立学院。亚拉巴马州有露天和地下煤矿和非金属矿。比维尔州立学院在2000—2010年的10年中每年平均培训6 500名矿工，尤其注重为没有能力进行培训而又非常需要培训的小型独立经营的矿山提供培训服务。

南非注重全员教育和培训，尤其是新员工的安全教育和培训。南非政府强制要求煤矿工人必须在南非教育部认可的培训机构接受培训，取得合格证方可入井作业。外来参观人员也要接受培训，培训结束后要通过书面考试才允许下井。南非通过建立井下爆炸仿真模拟试验开展安全培训和教育，爆炸实验室开展的井下煤尘和瓦斯爆炸模拟试验培训课，内容形象，体会深刻，让相关人员现场感受到爆炸的威力，并"近距离"接触死亡，受训人员很容易接受和理解，提高了企业职工的安全意识和遵守规章的自觉性。雇主除按照有关规定对雇员进行企业安全生产教育外，还每周一次分批将矿工和管理人员送到爆炸实验室接受防爆安全培训。

印度实施的《矿山职工培训条例》规定，新矿工和在职矿工必须经过矿山安全技术培训。根据这一规定，矿山安全管理总局要求各煤矿公司建立健全矿山职工就业安全培训中心，新矿工下井采煤或采矿前必须在培训中心接受为期24天的安全培训，其中安全理论课12天，实际作业培训12天。培训内容主要有安全注意事项、开采方法、输送机和矿车的操作、顶板支护、通风照明等。另外还开设《炸药使用》《爆破和瓦斯检测》等专业技术培训。培训中心还要为技术工人和在职的非技术人员开设安全技术进修培训课程。技术工人的培训期为18天，在职的非技术工人培训期为12天，安全理论和实际作业培训时间各占一半，矿工每五年接受一次安全技术进修培训。

英国对安全与健康培训与教育非常重视，在法律上也有明确要求。1974年颁布的《职业安全与健康法》要求雇主提供培训，以确保雇员在工作中的安全与健康。1992年颁布的《职业安全与健康管理法》又明确规定：雇主的主要职责是确保雇员得到足够的安全与健康培训。

波兰采矿动力部规定：大学学历是矿长必备的条件之一，各矿总工程师必须由采矿专业毕业的大学生担任，矿长和总工程师上任前必须经过最高矿业监察局考核与考试，考试内容包括专业知识、经济学、心理学、社会学等课程，成绩不合格者绝不能任职。波兰不仅拥有许多矿业中专和中等技术学校，还在普通中学设有煤矿知识课，讲授煤矿安全生产工艺等一系列煤矿专业知识。特别是所有煤矿的工作人员必须经过职业培训才能上岗。一些直接影响矿井安全生产的主要场所的工作人员，如爆破工、各类信号工、提升机司机、采煤机司机等必须持有矿业监察分局局长以上签发的操作许可证。

设立在意大利都灵的国际劳工组织培训中心也是世界知名的安全培训机构之一，培训的学员遍布世界各地，该中心提出的很多先进安全理念，已经为世界各国所认可。

二、建立我国的国际水平培训机构的思考

经过2000—2010年的人力、物力方面的投入及政策扶持，我国安全培训机构从数量方面已经满足需求，今后的主要任务是提高安全培训机构的培训水平及培训质量。根据安全培训流程和特点，提高安全培训质量的主要条件是：先进的培训设施，高水平的师资队伍，规范、严格、科学的培训管理，适合培训需求的教材等。

为此，建设具有国际品牌的培训机构的整体思路是：适应安全发展的要求，紧跟世界安全培训领域发展趋势，遵循"自主创新、重点跨越、支撑发展、引领未来"的指导方针，围绕基地、教师、教材、科研四大支柱，提高质量，强化管理，拓宽思路，争上手段，加强教研，创建品牌，服务社会，以创造安全的工作环境、培养从业人员做出正确的安全决策的能力为培训价值取向，创建真正具有国际水平并同我国经济社会发展相适应的安全培训机构。

1. 质量高能

一是加强培训需求调研，通过需求分析，提高安全培训工作的针对性、实效性。二是加强安全教育培训策划研究，精心组织策划，制定完善的培训方案，提高安全培训工作效能。三是加强师资队伍建设。通过强制性理论学习和现场实践，提高现有师资队伍的业务能力；完善师资库建设，形成一支以培训机构教师为主的较为稳定的专职教师队伍，并持续开展培训教学方法的培训。四是加强教材建设。具有自主开发安全培训教材的能力，加大电子教案、多媒体课件开发力度，紧跟政策法规及现场实践，能编写引领安全发展的、针对性强的高水平培训教材。

2. 管理严格，规范

借鉴高等学历教育和世界先进国家的安全培训经验，根据培训工作流程，完善相关法规和制度，建立规范、科学的培训管理流程，运用思想政治工作和经济、行政管理手段，使培训管理人员具有高度的执行力。

3. 思路宽广

培训策划、管理人员要具有宽广的世界眼光，能随时跟踪安全科技前沿，熟悉国家安全生产实际情况，策划的培训项目非常切合安全生产需要，并有引领和

示范作用，培训管理人员具有良好的同政府部门、生产经营单位、各类科研机构相关工作人员沟通、协作的能力。

4. 手段先进

适应培训教学特点，创新培训方式方法，把先进教育技术引进安全培训教学和管理工作中，充分利用现代信息技术，开展虚拟现实技术安全培训，并实现培训信息的自动采集分析。

5. 教研领先

围绕培训工作需要，以培训管理、培训方法、培训质量监控和培训设施建设为内容，经常开展安全培训研究，研究成果能够及时推广到培训工作中，培训机构具有安全培训教学方法、安全文化体系建设、安全法规标准政策等方面的研究能力，形成独具特色的品牌。

6. 社会服务

树立为社会服务的价值观是培训机构生存和发展的首要问题，这种服务主要体现在培训内容非常符合安全生产需要，培训效率非常高效，培训理念和方法先进，服务领域不仅针对本国，还应当针对其他国家，即应该是作为具有国际水平安全培训机构的重要职能，在服务社会的过程中体现安全培训机构更大的价值。

第四章 加强教育培训与保护职业卫生健康

第一节 教育培训 掌握知识

《安全生产法》第二十五条：生产经营单位应当对从业人员进行安全生产教育和培训，保证从业人员具备必要的安全生产知识，熟悉有关的安全生产规章制度和安全操作规程，掌握本岗位的安全操作技能，了解事故应急处理措施，知悉自身安全生产方面的权利和义务。未经安全生产教育和培训合格的从业人员，不得上岗作业。

广大从业人员在各自的工作岗位上，每时每刻都要和各种机器、工具、建筑物和原材料打交道，这些机器、工具、建筑物、原材料可能存在各种意想不到的危险性，即不安全因素。如果从业人员在生产劳动过程中不注意安全或不懂得正确的操作方法，就有可能引发工伤事故，造成人员伤亡和财产损失。因此，在生产劳动过程中，从业人员一定要树立强烈的自我保护意识，熟悉掌握安全生产知识和正确的操作方法，做到"三不伤害"：不伤害自己，不伤害他人，不被他人伤害。

一、安全第一

新《安全生产法》第四十一条规定："生产经营单位应当教育和督促从业人员严格执行本单位的安全生产规章制度和安全操作规程；并向从业人员如实告知作业场所和工作岗位存在的危险因素、防范措施以及事故应急措施。"遵章守规对于安全生产至关重要。生产经营单位为了确保生产经营活动顺利进行，制定了各种规章制度，要求所有从业人员严格遵守。安全生产方面的规章制度和操作规程，是用血的教训换来的。因此，一定要熟知牢记，并严格按照安全操作规程办事，不能有任何侥幸心理。要时刻记住，遵章守规就是防止发生安全生产事故，保护自己。

〔**案例导入**〕

某化工厂招收了一批农民工，经"三级"安全教育后上岗。某天夜班，三男一女4个青年工人在车间里工作。突然，女工的一只水桶掉到空反应釜中，3个男工见女工的桶掉到釜中，便逞强下去拿。一个下去了，没上来，第二个下去了，也没上来，第三个慌了，不敢下去了，赶紧找人来救。等有经验的工人戴着呼吸机下釜，才将那两个人救上来，结果两名下釜男工都已死亡。经检测，釜中残留化学溶剂挥发，产生的有毒气体充满了釜中，直接导致两名下釜的工人中毒死亡。

这是一起从业人员严重违反安全操作规程而导致的责任事故。在化工企业中，对下反应釜操作有着严格的安全规定和规程，一旦违反，就有可能招来杀身之祸。两名死亡工人虽然是受害者，但害他们的恰恰是他们自己。不遵守安全规程，未经检测就擅自下釜，导致了悲剧的发生。

所以，只有每个从业人员都能严守规章制度，严守操作规程，杜绝违章，做到生产过程中既不伤害别人，也不伤害自己，又不被别人伤害，才能杜绝"三违"行为，最大限度地减少和消除各类伤亡事故的发生，使"安全第一，预防为主，综合治理"的方针真正落到实处。

要做到遵章守规，就需要在安全生产工作中建立五个约束机制：

（1）建立法律约束机制

要把生产经营单位和从业人员的安全生产意识，提高到安全生产的法治观念的高度上来认识，使全体从业人员以国家有关安全生产法律、法规约束个人的行为。

（2）建立制度约束机制

生产经营单位必须根据自身特点和实际，建立各项完备的安全规章制度、安全操作规程以及工艺流程，严格要求从业人员按制度和规章进行生产，提高从业人员安全生产的责任感。

（3）建立标准约束机制

也就是生产经营单位的安全生产必须实现标准化，在生产现场做到统一标准，绝不能我行我素。对操作者、指挥者都应该统一到一个标准上，对安全生产的考核，也必须按统一标准进行。

（4）建立检查约束机制

生产经营单位负责人和管理人员要深入到安全生产的现场，深入细致地进行安全生产检查，杜绝违章，发现问题应立即整改。同时，要使检查工作做到经常化、制度化、标准化。

（5）建立监督约束机制

加强安全生产管理网络的建设，发挥各级安全管理、监督人员的作用。在各自监督的范围内，做到及时预先发现、准确分析判断、充分管控各种不安全因素，以防止事故的发生。

二、教育培训

从业人员从参加工作到进入生产岗位开始，就要不断了解所在单位和岗位的生产特点、生产过程中的危险部位，掌握安全生产知识和安全操作技术。

1. 树立正确的学习态度

（1）不懂就问

从事一项新的工作，有不少东西是过去没有见到过的，特别是那些刚参加工作的农民工，哪些不明白，要随时向师傅和同事请教。

（2）弄懂再干

有些难以理解又一时弄不明白的地方，要弄懂后再干，如果不懂装懂，操作时就会出现差错。

（3）切勿蛮干

生产经营场所、建筑工地等工作场所，情况比较复杂，危险因素很多，处处要小心谨慎，不可大大咧咧，更不可逞强蛮干。

〔案例导入〕

某厂3名刚进厂的年轻工人从楼顶下来，正在往电梯里走，走在前面的一个工人有意要和身后两个人开玩笑。他疾步跑入电梯，没有关门就启动行车，结果紧跟其后乘电梯的一名工人两条腿被电梯门框挤断，同时脑部受到挤压，内脏出血，导致该青年当场死亡。

近些年来，电梯、吊车等起重设备在生产经营活动中的应用越来越多，事故经常发生。特别是电梯敞门行车事故，其受害者往往在遭受挤、卡、夹、压后死亡。这说明，在生产经营中危险因素很多，不要由着自己的性子乱开玩笑。机械无情，一不小心就可能惹祸上身。广大从业人员千万不能大意。

（4）反复练习

有时会遇到这样的情况，心里明白怎么干，但是手脚不听使唤。所以，对所学的操作技能，只有经过反反复复的练习，达到得心应手的程度，才能保证安全生产，避免事故。

2. 参加培训

安全生产培训，是为提高从业人员安全生产技术水平和防范事故能力而进行的工作，是有计划地向员工进行安全生产培训，传授劳动保护安全知识，实现安全生产，全面提高从业人员素质的根本性工作。新《安全生产法》提出了明确规定，生产经营单位必须坚决贯彻执行，加强对从业人员的"三级教育"（企业、车间、班组），教育时间全年不少于40学时，经过考试合格后，才能准许进入操作岗位。对于从事特种作业的从业人员必须经过专门的安全知识与安全操作技能培训，并经过考核，取得特种作业资格，方可上岗。从业人员在调整工作岗位或离开岗位一年以上重新上岗时，必须进行相应的教育培训。生产经营单位在实施新工艺、新技术或使用新设备、新材料时，必须对从业人员进行相应的有针对性的安全生产教育。从而使安全生产思想深入人心，安全技术知识得到普及，确保安全生产。

1）安全生产教育内容

安全生产教育的内容一般分为思想、法规、安全技术和事例经验教育四项。

（1）思想政治教育

旨在提高从业人员的安全意识、自我保护意识，端正态度，实现安全生产"要我做"向"我要做"的转化。

（2）法规政策教育

牢固树立"安全第一"的思想，增强从业人员的法治观念，深刻理解党和政府的劳动保护方针、政策、规定，并认真贯彻执行，遵纪守法。

（3）安全生产技术知识教育

包括安全生产技术、劳动卫生技术和专业安全技术操作规程，使从业人员掌握预防事故和职业危害的科学技术知识，对安全生产不仅要有"我要做"的思想，而且要具备"我会做"的能力。

（4）典型事例经验的教育

典型事例经验既可以使从业人员受到教育和启发，又可以结合实际对照先进找出差距，接受教训，改进工作，预防发生重复性事故。

2）安全生产教育培训的主要形式

（1）三级教育

由于新从业人员缺乏安全生产知识，生产经营单位对其要实行厂级、车间、班组三级教育。教育内容包括：介绍安全生产情况、生产工作性质和职责范围、各种防护及保险装置作用、容易发生事故的设备以及操作注意事项。

（2）经常性的安全教育

主要是结合本企业本班组具体情况，采取安全活动日、班前会、安全交流会、事故现场会、班组园地或墙报等教育方式进行。

（3）开展班组安全生产活动

在现场安全管理中，班组在安全生产活动中具有极其重要的作用。班组应该主动开展各种形式的安全教育活动，如：在早上利用班前会宣誓安全口号；加强兼职安全员的巡视检查；细化从业人员的安全工作分数月度考核；组织安全知识竞赛等。

三、安全生产标志

在生产作业现场，针对危险物、不安全处及容易发生事故的设施和部位，都设立了安全标志。这些标志都是不说话的安全生产监督员，在默默提醒和告诫从业人员注意安全。

1. 安全色彩

安全色彩是安全标志上的颜色，是表达安全信息含义的用色。它以形象而醒目的信息语言向人们提供表达禁止、警告、指令、图示等安全信息。

安全色彩是根据颜色给予人们不同的感受而确定的。主要采用安全色、对比色、安全色与对比色相间条纹，规范安全色彩管理制度，实施安全色彩管理。由于安全色彩是表达"禁止""警告""指令""指示"等安全信息含义的颜色，所以要求容易辨认和引人注目。

我国《安全色》国家标准采用了"红、蓝、黄、绿"四种颜色为安全色。这四种颜色有如下特性：

"红色"。红色醒目，使人在心理上会产生兴奋感和刺激性。红色光波较长，不易被尘雾散射，在很远的地方也容易辨认，即红色的注目性非常高，视认性也很好，所以用其表示禁止、停止、危险以及消防设备。凡是禁止、停止、消防和有危险的器件或环节应以红色的标记作为警示信号。

"蓝色"。蓝色的注目性和视认性虽然不太好，但与白色相配合使用效果较好，特别是在太阳光直射的情况下较为明显。因而被选用为指令标志的颜色，表示人们必须遵守。

"黄色"。黄色对人眼能产生比红色更高的明度，黄色与黑色组成的条纹是视认性最高的色彩，特别能引起人们的注意，所以被选用为警告色。凡是警告人们注意器件、设备及环境都以黄色表示。

"绿色"。绿色的视认性和注目性虽然不高，但绿色是新鲜、年轻、青春的象征，具有和平、永远、生长、安全等心理效应，所以用绿色提示安全信息。

2. 安全标志

安全标志由安全色、几何图形以及图形符号构成，用以表达特定的安全信息，其作用是引起人们对不安全状态的注意，预防事故的发生。

1）作用

（1）规范作业现场的安全标志，保证安全标志全面、准确、清晰。判断危险源(点)可能存在形式及位置，现场设置醒目的安全执行标志及安全警示标志牌。

（2）在存有危险因素的生产经营场所和设施、设备上设置醒目的安全警示标志，能有效冲击作业人员的感官视觉，提醒并集中作业人员的注意力，起到警钟长鸣、提高自我安全防范意识、减少人身意外伤害事故发生的作用。

（3）当危险发生时，安全警示标志能够指示人们尽快撤离，或者指示人们采取正确、有效、得力的措施，对危害加以遏制。因此，安全警示标志对避免、减少事故或事故损失有着非常重要的作用。

2）类别

在生产作业现场，针对危险物、不安全处及容易发生事故的设施和部位，都设立了安全标志。这些标志都是不说话的安全生产监督员，在默默地提醒和告诫从业人员要注意安全。

安全标志是为了保证生产施工安全而设立的标志。安全标志分为禁止标志、警告标志、指令标志和提示标志四类。

（1）禁止标志

禁止标志是禁止或制止人们不安全行为的图形标志。其基本形式为带斜杠的图形框。圆环和斜杠为红色，图形符号为黑色、衬底为白色。如：禁止明火作业、禁止吸烟、禁止戴手套、禁止通行等。

（2）警告标志

警告标志是提醒人们对周围环境引起注意，以预防和避免可能发生的危险和事故的图形标志。"△"是警告标志的几何图形。三角形的边框和图形符号为黑色，其背景为警示意义的黄色。如：当心火灾、当心坠落、当心机械伤人等。

（3）命令标志

命令标志是强制人们必须遵守并做出某种动作或采用防范措施的图形标志。"○"是指令标志的几何图形。其背景为具有指令含义的蓝色，图形符号为白色。标有"指令标志"的地方，就是要求人们到达这个地方，必须遵守"指令标志"的规定。如：必须戴安全帽，进入施工工地有"必须戴安全帽"的指令标志，则必须将安全帽戴上，否则就是违反了施工工地的安全规定。

（4）提示标志

提示标志是提供目标所在位置与方向或其他信息的图形标志。"口"是指示标志的几何图形。其背景为绿色，图形符号及文字为白色。如：指示安全通道、动火区、灭火器、消防栓等。

对于安全标志，首先，从业人员要做到熟悉和识别，然后做到认真自觉遵守。一旦事故发生后，可以在标志的指引和帮助下，安全地疏散和撤离，确保自己的安全。绝对不可以因为安全标志的"默默无闻"就置之不理，这样的结果很可能就是事故和伤害来报复你了。新《安全生产法》第三十二条明确规定："生产经营单位应当在有较大危险因素的生活经营场所和有关设施、设备上，设置明显的安全警示标志。"如果未设安全标志，从业人员可以向生产经营单位提出，要求设立安全标志。如得不到答复，可向当地安全生产监督管理部门反映，督促生产经营单位尽快整改。

安全标志虽小，但在关键时刻作用却很大，有时可以防止一场事故，有时可以救你一条生命，千万不能小看它。如某纺织厂新招了一批农民工，某天夜班，由于电线短路引起火花，导致厂内失火。火势越来越大，在车间内的这批新工人由于对环境不熟悉，加之车间内漆黑一片，根本找不到出口。这时，安装在墙上的安全通道指示牌发出了亮点，顺着指示牌的指引，这些农民工手拉手安全地逃出了车间。没多久，火势就蔓延到了整个车间，如果没有这些安全标志的指引，后果不堪设想。

四、安全标语

安全标语，是生产岗位安全建设的一项重要内容，通过安全标语可以警示从业人员按照安全规程进行操作，注意程序和规范事项。

安全标语的宣传、教育作用不容置疑，一条好的标语，可以营造声势、加深教育，可以鼓舞人心、温暖人心、警示人心，还可以提醒大家、鼓舞斗志。有人情味的安全标语不仅朗朗上口，而且极富人情化，容易收到以理服人、以情感人之效，对于预防事故、减少事故具有积极的意义。同时，一条好的安全标语，不但折射出时代的精神，也体现了生产经营单位管理的方向和智慧。因此，安全标语一定要精心设计，广泛宣传。

安全标语的内容要求：

（1）观念要新，要有人情味。要从人的需要出发，把关心人、理解人、尊重人、爱护人作为设计安全生产标语的出发点，采取动之以情、晓之以理的方式方法，适应从业人员的心理和文化需求。

（2）增加安全生产标语的亲和力和感染力，避免居高临下、空洞说教，要使员工想看、爱看。如："居安思危，永远从零做起""农民工朋友，亲人盼你平安回家！""安全以人为本，人以思想为本"等。这些标语不仅使人容易接受，而且起到了警示、鼓动、激励的作用。

（3）坚持选用容易记、效果好的传统标语，如"安全第一，预防为主""警惕就安全，麻痹就危险"等。

（4）结合生产经营单位特点，与时俱进，体现现代企业文化，做到与周边环境有机结合，完美统一。比如，企业全局性的安全标语就要安放在非常醒目、开放的位置；而在生产现场，则要依据安全隐患的主次选择，防火重点部位、检修车间、运行作区的安全标语都要有所不同。

（5）开展安全生产标语设计宣传活动，如开展安全生产标语设计创作评比活动，制作标语牌，印制宣传单，张贴宣传挂图等活动，寓教于乐、寓教于活动之中，努力营造一种良好的安全生产社会环境。

五、防护用品

生产经营活动过程中存在着各种危险和有害因素，随时都有可能伤害到从业人员的身体和健康，有时甚至会致人死亡。佩戴劳动防护用品是保护从业人员在生产过程中安全与健康的一种辅助措施，也是保障生产经营单位安全生产的基础。

新《安全生产法》第四十二条规定："生产经营单位必须为从业人员提供符合国家标准或者行业标准的劳动防护用品，并监督、教育从业人员按照使用规则佩戴、使用。"《劳动法》中也规定，用人单位必须为劳动者提供符合国家规定的劳动安全卫生条件和必要的劳动防护用品。

劳动防护用品，又称为个人防护用品，是指从业人员在劳动过程中为免遭或者减轻事故伤害或者职业危害所配备的各种用品总称。

1. 防护用品种类

（1）头部防护用品，主要指安全帽。头部防护用品是为防御头部不受外来物体打击和其他因素危害而采取的防护用品。它能使冲击力分散，并使高空坠落物向外侧偏离，从而减轻伤害的程度。根据防护功能要求，目前主要有普通工作帽、防尘帽、防水帽、防寒帽、安全帽、防静电帽、防高温帽、防电磁辐射帽、防昆虫帽九个品种。

（2）呼吸器官防护用品，如防尘口罩和防毒面具等。呼吸器官防护用品是为防止有害气体、蒸汽、粉尘、烟、雾经呼吸道吸入，直接向从业人员配备供氧或清净空气，保证在尘、毒污染或缺氧环境中作业人员正常呼吸的防护用品。呼吸器官防护用品按功能主要分为防尘口罩和防毒面具；按形式又可分为过滤式和隔离式两类。

（3）眼、面部防护用品，如防护眼镜和电焊面罩等。预防烟雾、尘粒、金属火花和屑、电磁、热、辐射、激光、化学飞溅等伤害眼睛或面部的防护用品。根据防护功能，大致可分为防尘、防水、防冲击、防高温、防电磁辐射、防射线、防化学飞溅、防风沙、防强光九类。

（4）听觉器官防护用品，如耳罩和耳塞等。听觉器官防护用品，能够防止声能侵入外耳道，使人耳避免噪声的过度刺激，减少听力损伤，预防噪声对人体引起不良影响。根据防护功能，听觉器官防护用品分为耳塞、耳罩和防噪声头盔三大类。

（5）手臂防护用品，主要指防护手套，如绝缘手套、耐酸(碱)手套、焊工手套、橡胶耐油手套等。手部防护用品具有保护手和手臂的功能。按照防护功能手部防护用品分为十二类：普通防护手套、防水手套、防寒手套、防毒手套、防静电手套、防高温手套、防X射线手套、防酸碱手套、防油手套、防震手套、防切割手套、绝缘手套。

（6）足部防护用品，如绝缘皮鞋、胶面防砸安全靴等。足部防护用品是防止生产过程中有害物质和能量损伤从业人员足部的护具，通常人们称为防护鞋。按防护功能分为防尘鞋、防寒鞋、防冲击鞋、防静电鞋、防高温鞋、防酸碱鞋、防水鞋、防油鞋、防烫脚鞋、防滑鞋、防穿刺鞋、电绝缘鞋、防震鞋十三类。

（7）躯干防护用品。就是通常讲的防护服，如灭火应穿的阻燃工作服，从事酸（碱）作业应穿的防酸（碱）工作服，以及防静电工作服等。根据防护功能可分为防护服、防水服、防寒服、防砸服、防毒服、阻燃服、防静电服、防高温服、防电子辐射服、耐酸碱服、防油服、水上救生衣、防昆虫叮咬服、防风沙服十四类。

（8）皮肤防护用品。主要用于防止皮肤(主要是面、手等外露部分)受到化学、物理等因素的危害。按防护功能可分为防毒、防射线、防油漆及其他类。

（9）高处坠落防护用品，如安全带、安全绳、安全网等。高处坠落防护用品主要是防止人体从高处坠落，通过绳带，将高处作业者的身体系接于固定物体上或在作业场所的边沿下方张网，以防不慎坠落。主要有安全带和安全网两种。

2. 选配劳动防护用品的要求

（1）要根据《劳动防护用品配备指标》，看从业人员所从事的岗位和工种需要配备何种防护用品。

（2）要看配备的劳动防护用品合格不合格，主要看生产和经营劳动防护用品的单位是否持有安全生产监督管理部门颁发的安全生产许可证和经营许可证。生产经营单位必须使用有生产许可证的单位生产的劳动防护用品，或必须从有经营许可证的单位购买劳动防护用品。只有切实保证劳动防护用品的质量，才能使其真正发挥作用。

（3）严禁配用假冒伪劣劳动防护用品。如某家建筑公司在一高层建筑施工工地为高空作业的工人配备了安全带，下面还放了安全网，号称"双保险"，让工人在上面放心大胆地干活。一天，一工人一不小心踩空摔了下来。结果安全带挂钩根本经不住下坠的力量，断了；安全网不够牢固，破了。"双保险"结果成了不保险，导致工人受伤。后经查明，是施工企业为了降低成本，从不具备劳动保护用品经营资格的单位购进了不合格的安全带和安全网，结果造成了这起事故。

现在很多私营企业主为降低成本，给工人使用便宜的、不合格的劳动防护用品。广大从业人员一定要睁大眼睛，提高自己的识别能力，防止假冒伪劣的劳动防护用品损害自己的安全和健康。因此，提醒广大从业人员，在施工劳动中如果你需要佩戴劳动防护用品，一定请在使用前认真阅读产品安全使用说明书，确认其使用范围、有效期限等内容，熟悉其使用、维护和保养方法，一经发现受损或超过有效期限等情况，绝不能冒险使用。

（4）正确选择符合要求的劳动防护用品。劳动防护用品的选择，首先应考虑对生产有害因素的防护效能，同时考虑作业环境、劳动强度、有害因素的存在形式、性质、浓度(或强度)以及从业人员自身的健康状况等因素。所选择的劳动防护用品必须保证质量，符合国家规定的安全卫生条件，安全可靠，各项技术指标符合国家标准或行业标准，而且穿戴要舒适方便，不影响工作，绝不能选错或将就使用，以免发生事故。

3. 使用劳动防护用品注意事项

（1）对使用劳动防护用品人员应进行教育培训，使其能充分了解使用的目的和意义。对于结构和使用方法较为复杂的防护用品，如呼吸防护器，宜进行反复训练，使其能熟练迅速使用。用于紧急救灾的呼吸器，要定期严格检验，并妥善存放在可能发生事故的邻近地点，以便于及时使用。

（2）需要佩戴防护用品的人员在使用前，要认真阅读产品使用说明书，确认其使用范围、有效期等内容，熟悉其使用方法和维护、保养方法，发现防护用品有问题，决不能贸然使用。

（3）妥善维护和保养防护用品。妥善维护和保养防护用品，不但能延长其使用期限，而且能保证用品的防护效果。耳塞、口罩、面具等用后应以肥皂、清水洗净，并以溶液消毒、晾干。净化式呼吸防护器的滤料要定期更换，以防失效。防止皮肤污染的工作服用后应集中洗涤。

（4）设立专人管理防护用品，并负责维护保养，保证防护用品充分发挥其作用。

（5）正确穿着工作服。很多人工作都需要穿工作服。工作服要美观整洁，这标志着人有朝气、有精神。穿着工作服既要起到保护作用，也要方便工作。因此，要选择穿着合体的工作服，并做到"三紧"(即工作服的领口紧、袖口紧，下摆紧)，防止敞开的袖口或衣襟被机器卷夹，禁止赤膊工作。在易燃、易爆、烧灼及有静电发生场所作业的从业人员，如油库或加油站、液化气加气站、烟花爆竹生产经营单位和仓库，禁止穿着化纤工作服。

（6）戴好安全帽。如果安全帽戴法不正确，当操作者不慎从高处坠落或坠落物击中头部的时候，就起不到防护作用。因此，必须掌握安全帽的正确佩戴方法：

①全帽体内顶部和人的头顶的间距至少有32毫米，缓冲衬垫的松紧可由带子调节。

②使用时不要将安全帽歪戴在脑后，这样会降低对冲击的防护作用。

③帽子下颌带一定要系紧，防止松动而降低或损失抗冲击能力。

④安全帽要定期检查，如发现帽子裂缝、下凹、龟裂或严重磨损时，应立即更换。

（7）系好安全带。安全带是防止高处作业人员坠落的防护用品。在高处作业时，系好安全带非常重要。使用时应注意经常检查安全带缝制和挂钩部位是否安全可靠，发现磨损应及时修理或更换。安全带应系在腰部，挂钩应扣在不低于作业者所处水平位置的固定劳动处(即常说的"高挂低用")。安全带要防止日晒、雨淋，并定期进行检查，合格的才能继续使用。

（8）戴好防护手套。防护手套是用于防止劳动过程中对手部的伤害，如磨损、刺伤、割伤、灼烫、酸碱腐蚀等。常见的防护手套有纱手套、帆布手套、皮手套、乳胶手套等。对手套要经常检查，如有老化、破损应及时更换。特别是绝缘手套，一旦老化，将严重影响其绝缘性，引发触电事故。此外，在金属切割、车床操作时，一般严禁戴手套，以避免被机器上的转动部件缠住或卷进而引发事故。

广大从业人员，如果在生产经营单位上班，需要使用劳动防护用品时，请一定要按照规定正确使用和佩戴，千万不能麻痹大意。不怕一万就怕万一，假如图一时省事惹来伤害和事故，后悔就晚了。

〔案例导入〕

某机械厂一名青年女工，平时十分爱美。一次上班前梳了个漂亮的发型，可工作时要求戴安全帽。戴吧，怕把发型毁了；不戴吧，又怕被安全管理人员查处。于是她想了个办法，将安全帽斜戴在脑后，这样一来，既可不影响发型，又可逃过安检员的检查。在她上班时正逢厂里检修，上面一位工人不小心，将一个大号扳手掉了下来，正砸在她的头上，本来可以保护她的安全帽被戴歪了，扳手正砸在脑门上，结果爱美不成，反而受伤住进了医院。

六、岗位作业操作

广大从业人员，特别是从农村来到城市的农民工，进入到大大小小的各类生产经营单位中工作。这些生产经营单位分别属于采掘业、制造业、建筑业、交通运输业、商业、服务业等不同行业。每个行业因为其自身特点，原材料、生产工艺、生产过程等各不相同，从业人员在生产过程中面临的危险性及可能受到的伤害程度也不尽相同，因而对岗位操作安全的要求也是不同的。下面介绍的是作业人员应了解的最基本的岗位操作安全知识。

1. 安全操作

（1）操作前的检查。作业前，必须对所操作的设备、装置、工作物等进行检查。各种设备、装置都必须处于正常状态下才能使用，堆放物体、挖沟埋管都必须牢靠稳固。如果发现问题，应立即通知有关人员检修。

从事拆建房屋、修理埋管等建筑施工作业，应在施工前对建筑物体进行仔细查看，查看有无倒塌等可能，只有确保安全方可进行施工。

（2）严守操作规程。这是保证安全生产的前提条件，绝不可为了图省事、赶进度，而违反规定的操作程序。

（3）保持高度警惕。在生产过程中遇到机械故障，应立即向管理人员报告，请专门检修人员修理，切不可自行拆装。

（4）正确处置异常情况。物体在吊运中，不可以用手或脚纠正物体歪斜，或拔拉吊索。出现异常情况时，物体周围人员应撤离危险区，待运动中的物体放稳以后，再予纠正，恢复安全状态。

（5）从事登高作业，脚不可踩踏在摇晃、承受力不足、支点不牢固的物体上，以免发生高空坠落事故。

2. 制止违章作业

对下列违章作业或不安全的行为，生产经营单位安全管理人员有责任加以制止，同时操作人员也应相互提醒和制止，以杜绝事故的发生。

（1）操作机械，移动物体，方法不正确。如开动冲床时，将手伸入危险区域，直接在冲模上拿取或装卸零件。

（2）物体支撑物不坚固、不牢靠。

（3）进入操作危险区域。如靠近正在运转的机器；起重机工作时，在作业区域，如起重臂、吊钩和被吊物下面站立、工作或通过等。

（4）对正在运转的机械装置进行清扫、加油、移动或修理等。

（5）在无安全信号和许可的情况下，突然开动机械或移动车辆、物体。

（6）使用有缺陷的工具、吊索具、机械装置。如使用老化锈蚀的钢丝绳、出现裂纹的吊钩、磨损严重的滑轮等。

（7）在机械运转状态下，擅自离开，将机械、材料、物体置于不安全的状态下或场所中。

（8）私自拆除机械安全装置，使安全装置失效。

（9）从事非本人所从事的工作，特别是电工、焊接、吊运、车辆、电梯、搭脚手架等危险性较大的特种作业。

（10）登上运转中的机械，或跳上、跳下正在运行中的车辆。用手代替规定工具作业。

（11）不穿戴规定的劳动防护用品，或劳动防护用品不符合安全要求。

3. 防止触电事故

由于科技日新月异，电气技术的应用越来越广泛，极大地提高了劳动生产率，改善了劳动和生活条件。但用电不当也可能给人们带来伤害。因此，要了解安全用电知识，防止发生触电事故。

（1）电灯不亮或电气设备发生问题，如果从业人员不是电工，就千万不要盲目去摆弄。

（2）发生线路故障，应请电工排除，不得随意处理或拖接临时线。

（3）严禁使用损坏的插头、插座，严禁使用绝缘体磨损的电线。

（4）接地线不得随意拆除。

（5）用电前须检查漏电保护器或防触电装置是否正常。

（6）移动电气设备前，应先切断电源。

（7）在潮湿地或有水作业区操作，应事先检查线路是否漏电，线路周围物体是否导电。

（8）在高压架空电线附近工作时，必须特别小心，要保持一定的距离，绝对不能触碰。

（9）电工作业时，不得赤膊、赤脚、穿拖鞋，应按规定穿戴好防护用品和使用专用电工工具及用具。在停电检修时，必须在闸刀处挂上"正在检修，不得合闸"的警示牌。

4. 防止违章机械操作

各类机械设备在运转中，都可能发生对人体的伤害事故，这类伤害主要表现为：碰伤、压伤、轧伤、卷缠，因此要格外注意安全防范。

（1）对于机械伤害的防护，最根本的是要将全部运转零件遮挡起来，做到"转动有罩，转轴有套，区域有栏"，从而消除身体任何部位与其接触的可能性，防止衣袖、发辫和手持工具被绞入机器。

（2）检修或清扫时，必须先断电关机，待机器停妥后方可检修、清扫，加油应当使用长嘴注油器。

（3）操作时穿戴的工作服必须领口紧、袖口紧、下摆紧。夏天不能赤膊或披着衣服，冬天严禁戴围巾，女工须将发辫盘在工作帽里。在车床上操作时严禁戴手套。

（4）不是自己操作的机械，或不懂操作方法，千万不要随意开动机器。

（5）加工零件一定要紧固牢靠，防止飞出伤人。

（7）机器周围的环境应卫生清洁，保持通道畅通，不要把各种物品乱七八糟地堆在机器旁边。

（8）严格实行工前检查制度，在确认设备、加工件符合安全要求的情况下，才能开机操作。

5. 防止火灾、爆炸

一旦发生火灾、爆炸，其危害性是十分严重的。每个从事生产劳动的人都应该掌握必要的防火防爆知识。

（1）从事易燃易爆作业的人员必须经主管部门进行消防安全培训，并经考试取得合格证后方可上岗。

（2）要严格贯彻执行生产经营单位制定的防火防爆规章制度，禁止违章作业。

（3）严禁在从事易燃易爆作业(生产、使用、运输、储存)时或在易燃易爆储存场所吸烟或乱扔烟头等火种。

（4）生产、使用、运输、储存易燃易爆物品时，一定要严格遵守安全操作规程，切不可盲目乱干。

（5）在工作现场动用明火，必须报主管部门批准同意，并做好安全防范工作。

（6）不要将能产生静电火花的电子产品，如手机等带入易燃易爆危险场所。

（7）对于车间内配备的一般性防火防爆器材，应学会使用，并且不要随便挪用或损坏。

（8）发生火灾、爆炸事故后要迅速采取有效措施：

①一旦发生火灾、爆炸，千万不要惊慌失措，应立刻通知附近人员投入灭火抢救工作，并迅速打电话给消防队报警，讲清发生火灾的正确地址及附近的通道情况。

②正确使用灭火器材或水来灭火。

下列情况的火灾不能用水扑救：

（a）遇水燃烧物质(如碱金属等)和灼热物质(如铁水、溶渣等)着火引起的火灾；

（b）电器着火，在电源未切断之前；

（c）非水溶性，比水轻的可燃易燃液体，如苯、甲苯着火；

（d）遇水能产生有毒气体的物质，如磷化锌、磷化铅等着火。

另外，遇水燃烧物质或带电设备着火时，不能用泡沫灭火剂扑火；发生火灾或爆炸时，遇到有毒气体散发出来时，一定要戴上防毒面具后才能去抢救。

6. 防止高处坠落

需要登高作业的工作很多，如拆房建房、装卸检修等。坠落事故的伤害一般较为严重，因此，从业人员必须认真防止坠落事故的发生。

（1）作业场所预留孔洞必须加设牢固盖板、围栏或架设安全网。

（2）脚手架的材料和脚手架的搭设必须符合规程要求，使用前必须经过检查和验收。

（3）使用有防滑条的脚手板，钩挂要牢固，禁止在玻璃棚天窗、凉棚、石棉瓦屋面、屋檐口或其他承受力差的物体上踩踏。

（4）凡施工的建筑物高度超过10米，必须在工作面外侧搭设3米宽安全网。

（5）施工人员在高处作业时，必须戴好安全帽、系好安全带。使用安全带前应检查安全带的缝制和挂钩部位是否完好可靠，如发现磨损要及时修理或更换。安全带应系于腰部，挂钩应扣在不低于作业者所处水平位置的固定牢靠处。特别危险场合还要系好安全绳。

（6）使用梯子前应检查强度，特别要注意有无缺档、裂纹、腐蚀和防滑垫。

（7）梯子支靠的角度为75度左右，支靠时梯子顶端伸出去的长度应为60厘米以上。

（8）梯子上下部分应用绳索固定，不能固定时，下面须有人扶住。

（9）操作人员上下梯子时要面朝内，不得以不稳定姿势作业。

第二节　职业卫生　保护健康

广大从业人员从事的工作，有些是职业危害较大的，可能引发多种职业病，严重损害从业人员的健康，甚至诱发癌症等恶性疾病，导致身体残疾或者死亡。所以一定要在生产经营活动中注意职业卫生，尽量减少职业危害，保护自己的身心健康。

一、职业病预防

职业病是指从业人员在职业活动中，因接触粉尘、放射性物质和其他有毒、有害物质等因素而引起的疾病。是否是职业病，应具备两个条件：一是必须经过诊断程序确认(确诊)的所得疾病；二是必须是国家公布的《职业病目录》确定的疾病。

1. 引发职业病的因素

（1）与生产过程有关的职业危害因素。目前引起职业病最为多见的职业性有害因素包括生产性毒物(如铅、苯、汞、砷、酚、有机农药)和生产性粉尘(如矽尘、煤尘、石棉尘、金属粉尘、有机性粉尘等)，不良的工作条件(如高气温、高湿度、高气压、低气压等)，辐射(如紫外线、红外线、高频、微波、激光、电离辐射等)，生产性噪声，某些生物因素(如微生物或寄生物、炭疽杆菌、森林脑炎病毒等)。

（2）与劳动过程有关的职业危害因素。如从业人员所在的生产经营单位劳动组织或制度不合理，劳动时间过长、休息制度不健全等；劳动强度过大或作业的安排与从业人员的生理状态不适应；长期处于某种不良体位，或长时间单调、重复运作；个别器官或系统过度紧张等，这些都会影响、损害从业人员的健康和安全。

（3）与作业场所的卫生技术条件不良或生产工艺及设备、设施落后有关的有害因素。生产场所设计不符合卫生标准和要求(如车间布置不合理)；缺乏必要的卫生技术设施(如通风、照明等)；缺乏防尘、防毒、防暑降温等设备，或设备不完善；其他的安全防护和个人防护用品不足或有缺陷等。

要预防职业危害对从业人员造成伤害或患职业病，主要是生产经营单位要从原料、工艺、设备方面进行改进，降低职业危害因素的产生，减少从业人员与职业危害因素直接接触的机会，并要针对不同的职业危害因素进行预防。

同时，对职业病防治工作要坚持"预防为主、防治结合"的方针，建立生产经营单位负责、行政机关监管、行业自律、职工参与和社会监督的机制，实施分类管理、综合治理。在职业病防治工作中，预防是前提和基础。只要坚持"预防为主、防治结合"的方针，许多职业病是可以减少从业人员患病概率的。

2. 职业病的分类

根据《职业病防治法》的有关规定，卫生部、劳动和社会保障部制定了《职业病目录》，共分10类115种。

（1）尘肺

硅肺，煤工尘肺，石墨尘肺，炭黑尘肺，石棉肺，滑石尘肺，水泥尘肺，云母尘肺，陶工尘肺，铝尘肺，电焊工肺，铸工尘肺，根据《尘肺病诊断标准》和《尘肺病理诊断标准》可以诊断的其他尘肺。

（2）职业性放射性疾病

外照射急性放射病，外照射亚急性放射病，外照射慢性放射病，内照射放射病，放射性皮肤疾病，放射性肿瘤，放射性骨损伤，放射性甲状腺疾病，放射性性腺疾病，放射复合伤，根据《职业性放射性疾病诊断标准(总则)》可以诊断的其他放射性损伤。

（3）职业中毒

铅及其他化合物中毒(不包括四乙基铅)，汞及其化合物中毒，锰及其化合物中毒，镉及其化合物中毒，铍病，铊及其化合物中毒，钡及其化合物中毒，钒及其化合物中毒，磷及其化合物中毒，砷及其化合物中毒，铀中毒，砷化氢中毒，氯气中毒，二氧化碳中毒，光气中毒，氨中毒，偏二甲基肼中毒，氮氧化合物中毒，一氧化碳中毒，二硫化碳中毒，硫化氢中毒，磷化氢、磷化锌、磷化铝中毒，工业性氟病，氰及脂类化合物中毒，四乙基铅中毒，有机锡中毒，羟基镍中毒，苯中毒，甲苯中毒，二甲苯中毒，正己烷中毒，汽油中毒，一甲胺中毒，有机氟聚合物单体及其热裂解物中毒，二氯乙烷中毒，四氯化碳中毒，氯乙烯中毒，三氯乙烯中毒，氯丙烯中毒，氯丁二烯中毒，苯的氨基及硝基化合物(不包含三硝基甲苯)中毒，三硝基甲苯中毒，甲醇中毒，酚中毒，五氯酚(钠)中毒，甲醛中毒，硫酸二甲酯中毒，丙烯酰胺中毒，二甲基甲酰胺中毒，有机磷农药中毒，氨基甲酸酯类农药中毒，杀虫脒中毒，溴甲烷中毒，拟除虫菊酯类农药中毒，根据《职业性中毒性肝病诊断标准》可以诊断的职业性中毒性肝病，根据《职业性急性化学物中毒诊断标准(总则)》可以诊断的其他职业性急性中毒。

（4）物理因素所致职业病

中暑，减压病，高原病，航空病，手臂振动病。

（5）生物因素所致职业病

炭疽，森林脑炎，布氏杆菌病。

（6）职业性皮肤病

接触性皮炎，光敏性皮炎，电光性皮炎，黑变病，痤疮，溃疡，化学性皮肤烧伤，根据《职业性皮肤病诊断标准（总则）》可以诊断的其他职业性皮肤病。

（7）职业性眼病

化学性眼部烧伤，电光性眼炎，职业性白内障（含辐射性白内障、三硝基甲苯白内障）。

（8）职业性耳鼻喉口腔疾病

噪声聋，铬鼻，牙酸蚀。

（9）职业性肿瘤

石棉所致肺癌、间皮瘤，联苯胺所致膀胱癌，苯所致白血病，氯甲醚所致肺癌，砷所致肺癌、皮肤癌症，氯乙烯所致肝血管瘤，焦炉工人肺癌，铬酸盐制造业工人肺癌。

（10）其他职业病

金属烟热，职业性哮喘，职业性变态反应性肺泡炎，棉尘病，煤矿井下工人滑囊炎。

二、职业病诊断及鉴定

职业病诊断是经省级卫生行政部门批准、取得职业病诊断相应资质的医疗卫生机构，组织三人以上的职业病诊断医师，依据职业病防治法律、法规、职业病诊断标准，对从业人员在职业活动中因接触职业危害因素而引起的疾病所进行的医学诊断。

1. 职业病诊断、鉴定条件

职业病诊断、鉴定应符合以下条件：

（1）诊断机构。职业病诊断应当由省级以上人民政府卫生行政部门批准的医疗卫生机构承担。从业人员可以在生产经营单位所在地或者本人居住地依法承担职业病诊断的医疗卫生机构进行职业病诊断。

（2）诊断标准和诊断、鉴定办法。职业病诊断标准和职业病诊断、鉴定办法由国务院卫生行政部门制定。职业病伤残等级的鉴定办法由国务院劳动保障行政部门会同国务院卫生行政部门制定。

（3）职业病诊断应考虑的因素，包括病人的职业史、职业病危害接触史和现场危害调查与评价、临床表现以及辅助检查结果等。

（4）没有证据否定职业病危害因素与病人临床表现之间的必然联系的，在排除其他致病因素后，应当诊断为职业病。

（5）承担职业病诊断的医疗机构在进行职业病诊断时，应当组织三名以上取得职业病诊断资格的执业医师集体诊断。职业病诊断证明书应当由参与诊断的医师共同签署，并经承担职业病诊断的医疗机构审核盖章。

（6）当事人对职业病诊断有异议的，可以向做出诊断的医疗卫生机构所在地地方人民政府卫生行政部门申请鉴定。由设区的市级以上地方人民政府卫生行政部门根据当事人的申请，组织职业病诊断鉴定委员会(由相关专业的专家组成)进行鉴定。当事人对设区的市级职业病诊断鉴定委员会的鉴定结论不服的，可以向省、自治区、直辖市人民政府卫生行政部门申请再鉴定。

2. 职业病诊断、鉴定需要提供的材料

根据《职业病诊断与鉴定管理办法》的规定，申请职业病诊断时应当提供以下材料：

（1）职业病诊断鉴定申请书。

（2）职业病诊断证明书。

（3）职业史、接触史。

（4）职业健康监护档案复印件。

（5）职工健康检查结果。

（6）工作场所历年职业病危害因素监测、评分资料。

根据《职业病防治法》的规定，生产经营单位应当如实提供职业病诊断、鉴定所需的从业人员职业史和职业病危害接触史、工作场所职业病危害因素检测结果等资料；安全生产监督管理部门应当监督检查和督促生产经营单位提供上述资料；从业人员和有关机构也应当提供与职业病诊断、鉴定有关的资料。

职业病诊断难、鉴定难是当前我国职业病防治工作面临的突出性问题之一。主要是生产经营单位在职业诊断、鉴定过程中不依法提供相关资料，导致从业人员无法提出职业病申请。在这种情况下，为使得职业病诊断、鉴定工作能够继续顺利进行，按照《职业病防治法》的规定，需要采取以下措施：

（1）职业病诊断、鉴定过程中，生产经营单位不提供工作场所职业病危害因素检测结果等材料的，诊断、鉴定机构应当结合从业人员的临床表现、辅助检查结果和从业人员的职业史、职业病危害接触史，并参考从业人员的自述、安全生产监督管理部门提供的日常监督检查信息等，做出职业病诊断、鉴定结论。

（2）诊断、鉴定机构应当提请安全生产监督管理部门进行调查，安全生产监督管理部门应当自接到申请之日起30日内对存在异议的资料或者工作场所职业病危害因素情况做出判定，有关部门应当配合。

（3）生产经营单位解散、破产的，由安监部门进行调查。原生产经营单位工作场所已经不存在的，安监部门可以通过查阅有关历史材料或者对该地区同类企业工作场所的调查进行对比，从而确定从业人员曾经工作的生产经营单位工作场所的职业病危害情况。

现实生活中，一些生产经营单位为了逃避责任，在诊断、鉴定过程中，为了诱导诊断、鉴定机构做出对自己有利的结论，往往不提供或不如实提供职业病诊断、鉴定所需的资料，导致从业人员对生产经营单位提供的工作场所职业病危害因素检测、评价资料产生异议。对此，《职业病防治法》规定，在这种情况下，由安全生产监管部门对上述资料的真实性作出判断，为职业病诊断、鉴定机构依法作出诊断、鉴定结论提供科学依据。根据这一规定，从业人员对生产经营单位提供的工作场所职业病危害因素检测结果等资料有异议时，可要求职业病诊断、鉴定机构提请安全生产监督管理部门对生产经营单位所提供资料的真实性做出判定。

三、职业病防治权利及义务

1. 从业人员享有的职业卫生保护权利

根据《职业病防治法》和《劳动法》的规定，从业人员享有下列职业卫生保护权利：

（1）获得职业卫生教育、培训的权利。

（2）获得职业健康检查、职业病诊疗、康复等职业病防治服务的权利。

（3）了解工作场所产生或者可能产生的职业危害因素、危害后果和应当采取的职业病防护措施的权利。

（4）要求生产经营单位提供防治职业病要求的职业病防护设施和个人使用的职业病防护用品，改善工作条件的权利。

（5）拒绝违章指挥和强令进行没有职业病防护措施的作业的权利。因为从业人员长年工作在生产第一线，他们熟悉生产的各个环节，知道安全操作的意义和违章的后果。利用这项权利，从业人员可以合法地保护自己的人身安全和人身健康。

（6）对违反职业病防治法律、法规以及危及生命健康的行为提出批评、检举和控告的权利。对生产经营单位的违法行为，从业人员不仅可以拒绝执行，而且可以提出批评。如果管理人员不接受意见，不改进措施，从业人员有权向上级主管部门进行检举，甚至可以上诉控告，这是法律赋予从业人员的权利。若有人打击报复举报人员，劳动行政部门或者有关部门将对其处以罚款；构成犯罪的，对责任人员依法追究刑事责任。

（7）参与生产经营单位职业卫生工作的民主管理，对职业病防治工作提出意见和建议的权利。

（8）因从业人员依法行使正当权利而遭到生产经营单位降低其工资、福利等待遇或者解除、终止与其订立的劳动合同的，其行为无效。

根据《职业病防治法》的规定，职业病诊断、鉴定费用由生产经营单位承担。这些费用包括：必要的诊断、鉴定取证、工作场所调查、从业人员体检、实验室检验等费用；诊断、鉴定过程中的一些资料费用，如有关医疗证明材料、劳动关系证明材料等资料费用；诊断、鉴定过程中所必需的交通费等。从业人员可以直接要求生产经营单位承担，也可以在垫付后，凭支付证明要求生产经营单位予以报销。

从业人员与生产经营单位产生劳动关系，是进行职业诊断的前提。如果生产经营单位不与从业人员签订劳动合同，从业人员往往很难证明其与生产经营单位之间建立了劳动关系，就会影响从业人员获得职业病诊断。

从业人员的工作岗位与职业病诊断有最直接的因果关系。特别是一些职业病具有较长的潜伏期，发病晚等特点，一些从业人员往往离开岗位后多年才发病，这就需要明确从业人员的工作岗位与职业病之间的关联性。

为解决这些问题，《职业病防治法》第五十条规定，职业病诊断、鉴定过程中，在确认劳动者职业史、职业病危害接触史时，当事人对劳动关系、工种、工作岗位或者在岗时间有争议的，可以向当地的劳动人事争议仲裁委员会申请仲裁；接到申请的劳动人事争议仲裁委员会应当受理，并在30日内做出裁决。

当事人在仲裁过程中对自己提出的主张，有责任提供证据。劳动者无法提供由生产经营单位掌握管理的与仲裁主张有关的证据的，仲裁庭应当要求生产经营单位在指定期限内提供；生产经营单位在指定期限内不提供的，应当承担不利后果。

从业人员对仲裁裁决不服的，可以依法向人民法院提起诉讼。

生产经营单位对仲裁裁决不服的，可以在职业病诊断、鉴定程序结束之日起15日内依法向人民法院提起诉讼；诉讼期间，从业人员的治疗费用按照职业病待遇规定的途径支付。

2. 生产经营单位防治职业病应履行的义务

根据《职业病防治法》的规定，生产经营单位在防治职业病方面应履行的义务有：

（1）健康保障义务

生产经营单位必须为从业人员提供符合国家职业卫生标准和卫生要求的工作场所、环境和条件。需采用有效的职业病防护措施，并为从业人员提供个人使用的职业病防护用品，职业病防护用品必须符合防治职业病的要求。应优先采用有利于防治职业病和保护从业人员健康的新技术、新工艺、新材料，逐步替代职业病危害严重的技术、工艺、材料。

（2）职业卫生管理义务

生产经营单位应设置或者指定职业卫生管理机构或者组织、配备专职或者兼职的职业卫生专业人员，负责本单位的职业病防治工作；制订职业病防治计划和实施方案；建立健全职业卫生管理制度和操作规程、职业卫生档案和从业人员健康监护档案、作业场所职业病危害因素监测及评价制度、职业病危害事故应急救援预案。

（3）保险义务

生产经营单位应当依法参加工伤社会保险。

（4）职业病危害告知义务

生产经营单位应在醒目位置设置公告栏，公布有关职业病防治的规章制度、操作规程、职业病危害事故应急救援措施和工作场所职业病危害因素检测结果，设置警示标识和中文警示说明。警示说明应当载明产生职业病危害的种类、后果、预防以及应急救治措施等内容。对可能发生急性职业损伤的有毒、有害工作场所，设置报警装置，配置现场急救服务器、冲洗设备、应急撤离通道和必要的泄险区；对放射工作场所和放射性同位素的运输、储存，配置防护设备和报警装置，保证接触放射线的工作人员佩戴个人剂量计；对职业病防护设备、应急救援设施和个人使用的职业病防护用品进行经常性的维护、检修，定期监测其性能和效果，确保其处于正常状态，不得擅自拆除或者停止使用。

（5）职业病检测义务

生产经营单位应实施由专人负责的职业病危害因素日常监测，确保监测系统处于正常运行状态，并将对工作场所进行职业病危害因素的检测、评价结果存入生产经营单位职业卫生档案，定期向所在地卫生行政部门报告并向从业人员公布。

（6）培训教育义务

生产经营单位的负责人应当接受职业卫生培训，遵守职业病防治法律、法规，依法组织本单位的职业病防治工作。应当对从业人员进行上岗前的职业卫生培训和在岗期间的定期职业卫生培训，普及职业卫生知识，督促从业人员遵守职业病防治法律、法规、规章和操作规程，指导从业人员正确使用职业病防护设备和个人使用的职业病防护用品。从业人员不学习和掌握职业卫生知识的，生产经营单位应当对其进行教育。

（7）及时控制职业病危害事故义务

发生或者可能发生急性职业病危害事故时，生产经营单位应当立即采取应急救援和控制措施，并及时报告所在地卫生行政部门和有关部门。

（8）落实职业病患者待遇义务

生产经营单位安排职业病病人进行治疗、康复和定期检查；对不适宜继续从事原工作的职业病病人，应当调离原岗位，并妥善安置；对从事接触职业病危害的作业的从业人员，应当给予适当岗位津贴等。

（9）特殊从业人员保护义务

生产经营单位不得安排未成年工从事接触职业病危害因素的作业，不得安排孕妇、哺育期的女工从事对本人和胎儿、婴儿有危害的作业。

（10）举证义务

从业人员申请职业病诊断和鉴定时，生产经营单位应当如实提供职业病诊断所需的有关职业卫生和健康监护等资料。

（11）对从事接触职业病危害的作业的人员，生产经营单位应当按照国务院卫生行政部门的规定组织上岗前、在岗期间和离岗时的职业健康检查，并将检查结果如实告知从业人员。

四、职业病患者待遇

从业人员按照职业病防治法规规定被诊断、鉴定为职业病的，所在单位应当自被诊断、鉴定为职业病之日起30日内，向统筹地区社会保险行政部门提出工伤申请。遇有特殊情况，经报社会保险行政部门同意，申请时限可以适当延长。

生产经营单位未按规定提出工伤认定申请的，职业病从业人员或者其近亲属、工会组织在被诊断、鉴定为职业病之日起一年内，可直接向生产经营单位所在地统筹地区社会保险行政部门提出工伤认定申请。由省级社会保险行政部门进行工伤认定的事项，根据属地原则由生产经营单位所在地的市级社会保险行政部门办理。生产经营单位未在规定的时限内提交工伤认定申请，在此期间发生符合规定的工伤待遇等有关费用由该生产经营单位负担。

1. 职业病患者应享有的待遇

按照《职业病防治法》规定，患职业病的从业人员可以享有如下待遇：

（1）生产经营单位应安排职业病病人进行治疗、康复和定期检查。诊疗、康复费用，伤残以及丧失劳动能力的职业病病人的社会保障，按照国家有关工伤社会保险的规定执行。

（2）生产经营单位对不适宜继续从事原工作的职业病病人，应当调离原岗位，并妥善安置。

（3）生产经营单位对从事接触职业病危害的作业人员，应当给予适当的岗位津贴。

（4）职业病病人除依法享有工伤社会保险外，依照有关民事法律，尚有获得赔偿的权利，有权向生产经营单位提出赔偿要求。

（5）从业人员被诊断患有职业病，但生产经营单位没有依法参加工伤社会保险的，其医疗和生活保障由最后的生产经营单位承担；最后的生产经营单位有证据证明该职业病是先前生产经营单位的职业病危害造成的，由先前的生产经营单位承担。

（6）职业病病人变动工作单位，其依法享有的待遇不变。

从事有害作业的从业人员，其所在单位必须为其建立健康档案。变动工作单位时，事先须经当地职业病防治机构进行健康检查，其检查材料装入健康档案。

患有职业病的从业人员变动工作单位时，其职业病待遇应由原单位负责或两个单位协商处理，双方商妥后方可办理调转手续，并将其健康档案、职业病诊断证明及职业病处理情况等材料全部移交新单位。调出、调入单位都应将情况报各所在地的劳动卫生职业病防治机构备案。

从业人员到新单位后，新发现的职业病不论与现在工作有无关系，其职业病待遇由新单位负责。过去按有关规定已作处理的不再改变。

（7）生产经营单位应当及时安排对疑似职业病病人进行诊断；在疑似职业病病人诊断或者医学观察期间，不得解除或终止与其签订的劳动合同。疑似职业病病人在诊断、医学观察期间的费用，由生产经营单位负担。

（8）劳动合同制工人、临时工终止或解除劳动合同后，在待业期间新发现的职业病与上一个劳动合同期工作有关时，其职业病待遇由原终止或解除劳动合同的单位负责；如原单位已与其他单位合并者，由合作后的单位负责；如原单位已撤销，应由原单位的上级主管机关负责。

2. 疑似职业病病人享有的待遇

疑似职业病是指有患职业病现象，有可能是职业病，但是没有经过正规医疗机构的检查，无法确定的情况。当医疗卫生机构疑诊断为职业病，但没有最后确诊前，患病病人称为疑似职业病病人。

可视为疑似职业病病人的情形有：

（1）从业人员所患疾病或健康损害表现与其所接触的职业病危害因素的关系不能排除的。

（2）在同一工作环境中，同时或短期内发生两例或两例以上健康损害表现相同或相似病例，病因不明确，又不能以常见病、传染病、地方病等群体性疾病解释的。

（3）同一工作环境中已发现职业病病人，其他从业人员出现相似健康损害表现的。

（4）职业健康检查机构、职业病诊断机构依据职业病诊断标准，认为需要作进一步的检查、医学观察或诊断性治疗以明确诊断的。

（5）从业人员已出现职业病危害因素造成的健康损害表现，但未达到职业病诊断标准中规定的观察对象等。

疑似职业病病人和职业病病人均受法律保护。当发现疑似职业病病人时，生产经营单位应及时安排对其进行诊断；疑似职业病病人在诊断或医学观察期间的费用由生产经营单位承担；生产经营单位在此期间不得解除或终止与其订立的劳动合同。

3. 职业病病人享有的工伤保险待遇

工伤保险是从业人员在工作中或在规定的特殊情况下，遭受意外伤害，或患职业病而导致暂时或永久丧失劳动能力以及死亡时，从业人员或其亲属从国家和社会获得物资帮助的一种社会保险制度。根据我国现行管理体制，职业病待遇纳入工伤保险，统一由人保部管理。根据《工伤保险条例》的规定，工伤待遇包括工伤医疗待遇、辅助器具配置待遇、停工留薪期待遇、工伤伤残待遇等。

1）工伤医疗待遇

（1）治疗工伤所需费用符合工伤保险诊疗项目目录、工伤保险药品目录、工伤保险住院服务标准的，从工伤保险基金支付。工伤保险诊疗项目目录、工伤保险药品目录、工伤保险住院服务标准，由国务院社会保障行政部门会同国务院卫生行政部门、食品药品监管等部门规定。

（2）住院治疗工伤的伙食补助费，以及经医疗机构出具证明，报经办机构同意，工伤从业人员到统筹地区以外就医所需的交通、住宿费用从工伤保险基金支付，基金支付的具体标准由统筹地区人民政府规定。

（3）到签订服务协议的医疗机构进行工伤康复的费用，符合规定的，从工伤保险基金支付。

2）停工留薪期待遇

停工留薪期是指从业人员因患职业病停止工作接受治疗并享受有关待遇的期限。从业人员因患职业病需要暂停工作接受工伤治疗的，在停工留薪期内，享受正常工作期间标准的工资福利，由所在单位按月支付。

停工留薪期一般不超过12个月。伤情严重或者情况特殊，经设区的市级劳动能力鉴定委员会确认，可以适当延长，但延长期不得超过12个月。

工伤从业人员评定伤残等级后，停发原待遇，按照有关规定享受伤残待遇。

工伤从业人员在停工留薪期满后仍需治疗的，继续享受工伤医疗待遇。

生活不能自理，在停工留薪期需护理的，由所在单位负责。

3）工伤伤残待遇

职业病病人经过劳动能力鉴定，根据劳动功能障碍程度和生活自理障碍程度，被确定为相应伤残等级后，按照不同的等级享受对应的伤残待遇。

（1）被鉴定为一级至四级伤残的，享受以下待遇：

①保留劳动关系，退出工作岗位，领取一次性伤残补助金，并按月领取伤残津贴。

②工伤从业人员达到退休年龄并办理退休手续后，停发伤残津贴，按国家有关规定享受基本养老保险待遇；基本养老保险待遇低于伤残津贴的，由工伤保险基金补足差额。

（2）被鉴定为五级、六级伤残的，享受以下待遇：

①可领取一次性伤残补助金，保留劳动关系，由生产经营单位安排适当工作。

②难以安排工作的，由生产经营单位按月发给伤残津贴，并由生产经营单位按照规定为其缴纳各项社会保险费。

③经职业病病人提出，可以与生产经营单位解除或者终止劳动关系，领取一次性医疗补助金，并由生产经营单位支付一次性伤残就业补助金。

（3）被鉴定为七级至十级伤残的，享受以下待遇：

①可领取一次性伤残补助金。

②劳动、聘用合同期满终止，或者职业病病人提出解除劳动、聘用合同的，由工伤保险基金支付一次性工伤补助金，由生产经营单位支付一次性伤残就业补助金。

③一次性伤残补助金和伤残津贴标准，根据不同的伤残等级执行不同的标准。

4. 职业病病人有下列情形可享受的待遇

（1）职业病病人享受工伤保险待遇后，还可以要求生产经营单位赔偿。根据《职业病防治法》第五十九条规定，职业病病人除依法享有工伤保险外，依照有关民事法律，尚有获得赔偿的权利的，有权向用人单位提出赔偿要求。一些职业病病人往往因丧失了劳动能力，生活发生困难，而工伤保险所能支付的待遇，难以完全补偿职业病病人因病所受到的损失。在这种情况下，职业病病人除享受工伤保险待遇外，还可以向生产经营单位提出赔偿要求。提出赔偿的范围以补足从业人员的实际损失为限，受伤害的从业人员在获得工伤保险补偿后，可以就未获得补偿部分再向所属生产经营单位提出民事赔偿主张。生产经营单位拒绝赔偿的，职业病病人可以向人民法院起诉。

（2）从业人员被诊断患有职业病，但生产经营单位没有依法参加工伤保险的，根据《职业病防治法》第六十条规定，其医疗和生活保障由该生产经营单位承担。

（3）职业病病人变动工作单位或生产经营单位发生变化的，其职业病待遇是：

①职业病病人变动工作单位，其工伤保险关系也随之转移、接续，其依法享有的待遇不变。

②生产经营单位发生分立、合并、解散、破产等情形时，应当对从事接触职业病危害作业的从业人员进行健康检查，并按照国家有关规定妥善安置职业病病人，使职业病病人获得应有的生活保障。

③生产经营单位已经不存在或者无法确认劳动关系的职业病病人，可以向当地地方人民政府民政部门申请医疗救助和生活等方面的救助。地方各级人民政府应当根据本地区的实际情况，采取其他措施，使这种情况的职业病病人获得医疗救治。

五、生产经营单位违反相关法律、法规应受到的处罚

根据《职业病防治法》的规定，生产经营单位违反职业病防治规定的，应受到下列处罚：

（1）违反《职业病防治法》第七十一条规定，生产经营单位有下列行为之一的，由安全生产监督管理部门给予警告，责令限期整改；逾期不改正的，处10万元以下的罚款：

①工作场所职业病危害因素检测、评价结果没有存档、上报、公布的。

②未采取《职业病防治法》第二十一条规定的职业病防治管理措施的。

③未按照规定公布有关职业病防治的规章制度、操作规程、职业病危害事故应当救援措施的。

④未按照规定组织从业人员进行职业卫生培训，或者未对从业人员个人职业病防护采取指导、督促措施的。

⑤国内首次使用或者首次进口与职业病危害有关的化学材料，未按规定报送毒性鉴定资料以及经有关部门登记注册或者批准进口的文件的。

（2）违反《职业病防治法》第七十二条规定，生产经营单位有下列行为之

一的，由安全生产监督管理部门责令限期改正，给予警告，可以并处罚5万元以上10万元以下的罚款：

①未按照规定及时、如实向安全生产监督管理部门申报产生职业病危害的项目的。

②未实施由专人负责的职业病危害因素日常监测，或者监测系统不能正常监测的。

③订立或者变更劳动合同时，未告知从业人员职业病危害真实情况的。

④未按照规定组织职业健康检查、建立职业健康监护档案或者未将检查结果书面告知从业人员的。

⑤未依照《职业病防治法》规定在从业人员离开生产经营单位时提供职业健康监护档案复印件的。

（3）违反《职业病防治法》第七十三条规定，生产经营单位有下列行为之一的，由安全生产监督管理部门给予警告，责令期限改正，逾期不改的，处5万元以上20万元以下的罚款；情节严重的，责令停止生产职业病危害的作业，或者提请有关人民政府按照国务院规定的权限责令关闭：

①工作场所职业病危害因素的强度或浓度超过国家职业卫生标准的。

②未提供职业病防护设施和个人使用的职业病防护用品。或者提供的职业病防护设施和个人使用的职业病防护用品不符合国家职业卫生标准和卫生要求的。

③职业病防护设备、应急救援设施和个人使用的职业病防护用品未按照规定进行维护、检修、检测，或者不能保持正常运行、使用状态的。

④未按照规定对工作场所职业病危害因素进行检测、评价的。

⑤工作场所职业病危害因素经治理仍然达不到国家职业卫生标准和卫生要求时，未停止存在职业病危害因素的作业的。

⑥未按照规定安排职业病病人、疑似职业病病人进行诊治的。

⑦发生或者可能发生急性职业病危害事故时，未立即采取应急救援和控制措施或者未按照规定及时报告的。

⑧未按照规定在产生严重职业病危害的作业岗位醒目位置设置警示标识和中文警示说明的。

⑨拒绝职业卫生监督管理部门监督检查的。

⑩隐瞒、伪造、篡改、毁损职业健康监护档案、工作场所职业病危害因素检测评价结果等相关资料，或者拒不提供职业病诊断、鉴定所需资料的。

⑪未按照规定承担职业病诊断、鉴定费用和职业病病人的医疗、生活保障费用的。

（4）违反《职业病防治法》第七十六条规定，生产经营单位有下列情形之一的，由安全生产监督管理部门责令限期治理，并处5万元以上30万元以下的罚款；情节严重的，责令停止产生职业病危害作业，或者提请有关人民政府按照国务院规定的权限责令关闭：

①瞒技术、工艺、设备、材料所产生的职业病危害而采用的。

②隐瞒本单位职业卫生真实情况的。

③可能发生急性职业损伤的有毒、有害工作场所、放射工作场所或者放射性同位素的运输、储存不符合《职业病防治法》第二十六条规定的。

④使用国家明令禁止使用的可能产生职业病危害的设备或者材料的。

⑤将产生职业病危害的作业转移给没有职业病防护条件的单位和个人，或者没有职业病防护条件的单位和个人接受产生职业病危害的作业的。

⑥擅自拆除、停止使用职业病防护设备或者应急救援设施的。

⑦安排未经职业健康检查的从业人员、有职业禁忌的从业人员、未成年工或者孕期、哺乳期女工从事接触职业病危害的作业或者禁忌作业的。

⑧违章指挥和强令从业人员进行没有职业病防护措施作业的。

（5）因生产经营单位的违法行为对从业人员生命健康造成严重损害的，由安全生产监督管理部门责令停止产生职业病危害的作业，或者提请有关人民政府按照国务院规定的权限责令关闭，并处10万元以上50万元以下的罚款。

第五章　现代安全生产培训模式

第一节　安全生产培训模式

模式是一种工作方法的指导，在模式的指导下，有助于某一类具体工作和任务的完成，有助于人们对拟开发的项目制定一个科学、合理的设计方案，达到事半功倍的效果，而且会得到解决问题的最佳办法。安全培训是职业培训的一种，有多种类型，每一个培训机构每年要举办多个培训班，这些培训班在培训对象、培训时间、培训内容、培训方法等方面差别很大，如何提高安全培训质量和效率是一项重要工作。如果我们能够根据培训项目组成要素，构建相应模式，分门别类进行管理，则可以极大地提高培训质量，也有利于监管部门提高监管效果。

一、安全生产培训模式的内涵

1. 模式的概念及含义

模式是指解决某一类问题的方法论。从管理学范畴来讲，"模式"一词指出了构成某一事物总体之间的各要素之间的规律关系。模式强调的是形式上的规律，而非实质上的规律，是已经开展的工作中积累经验的抽象和升华，也就是从重复出现的事件中发现和抽象出的规律，作为解决问题经验的总结。凡是重复出现的事物，就可能存在某种模式。模式的经典定义是：每个模式都描述了一个在我们的环境中不断出现的问题，然后描述了该问题的解决方案的核心。通过这种方式，你可以无数次地使用那些已有的解决方案，无须再重复相同的工作。模式有不同的领域，建筑领域有建筑模式，软件设计领域也有设计模式。当一个领域逐渐成熟的时候，自然会出现很多模式。

2. 安全生产培训模式

根据模式的含义，我们可以方便地确定安全生产培训模式的概念。安全生产培训模式就是关于某一类安全生产培训相关内容的总称，是针对某一类型培训的有关要素运行结果的上升和升华。

根据安全生产培训模式的概念可以看出，要准确把握安全生产培训模式，必须首先确定一个培训项目或者一个培训活动由哪些要素组成。第一，确定安全培训模式的内涵。即：一个或一类安全培训项目包括哪些活动？需要准备哪些文件？文件以什么方式下达？安排哪些人员参加？这些人员需要什么样的任职资格和条件？其职责和任务是什么？同时需要准备哪些物资？其要求标准是什么？培训过程中，是否要安排会议、讲座，课堂教学等活动？第二，安全生产培训是在社会环境中开展的一项社会活动，我们还必须了解一项安全培训活动从开始到结束受哪些因素影响，即确定安全生产培训的外延。

3. 研究安全生产培训模式的目的

研究安全生产培训模式的目的可以体现在三个方面：

（1）为安全培训监管提供技术咨询。与学历教育一样，安全培训也有其内在运行规律，研究安全生产培训模式，就是确定安全生产培训必须具备的条件，确定衡量安全生产培训质量的重要和关键指标，从而为安全生产培训监管提供定量和定性方法。

（2）为安全生产培训管理提供指导。总结安全生产培训的内在规律。大量培训案例说明，安全培训作为职业教育的一个重要类型，从培训计划策划与制订、培训教学管理和培训质量评估等方面都有其内在规律性，总结这些规律，可以为开展相关培训和管理部门对培训进行监督提供指导。

（3）寻求提高安全生产培训质量的方法和措施。研究安全生产培训模式，通过增加投入、提高管理水平、加强安全培训关键环节的研究，寻求提高安全生产培训质量的有效方法，以及提高安全生产培训质量的技术、管理和法律措施。

二、美国企业安全培训模式

在美国，安全培训的目标是防止员工发生工伤事故和患职业病，并且强调真正的"培训"和简单的"教育"之间的差别。人们可以通过"教育"向员工提供大量的信息；而"培训"则是在向员工提供大量信息的基础上，通过科学的方法，使这些信息为员工所充分吸收，从而形成安全行为习惯。从这个角度来看，安全培训其实就是帮助员工成为具有安全生产作业能力和行为方式的人，并最终帮助企业实现安全生产。

1. 美国的安全培训类型

安全培训是美国职业安全卫生协会的强制性规定，要求企业员工每年必须接受特定内容的安全培训。从培训时间上，分为以下类型：

（1）定期培训。一般是一年一次，根据企业的具体情况，也会不定期地增加半年期甚至季度性的培训。很多地方州政府也通过立法要求企业每月必须有一次安全会议，很多企业会利用安全会议的机会进行培训。

（2）入职培训。美国企业对新进入公司的员工要进行入职培训。根据政府法规和企业的要求，对于新员工往往要做更为扎实和范围更宽的培训，并且一般都安排专门指派的安全生产管理人员进行指导。

（3）合作培训。美国企业也非常重视对企业的合作伙伴，例如进入本企业施工的承包商进行培训。这类培训对象的情况更为复杂，公司往往要和承包商公司的安全管理部门合作来完成这项工作。尤其重要的一点是，公司在就安全生产和管理方面，往往肩负着监管和督促方面的更多责任。

公司在发包时就把承包公司的安全生产管理水平作为重要的考核和约束条件，前者在后者中标后严格按照本企业对待员工的培训标准对其进行安全培训，并保持施工期间进行严格和持续的监管。

2. 美国的安全培训策划

（1）设立明确的培训目标，并取得管理层的承诺。若管理层对培训目标没有清楚地理解和承诺，又缺少培训所需要的时间和其他资源，安全培训就难以取得显著的效果。

（2）选择适合参加培训者的教材，循序渐进并且周期性地进行安全培训是保障培训效果的必要手段。

（3）建立畅通的反馈渠道，收集培训后员工的反馈意见，特别是对培训内容的具体修改意见，使培训内容不断改进，迅速达到更高水平。

3. 美国企业安全培训方式

美国公司的安全培训方式从2000年以后发生了很大的变化。之前，大多数公司都是采用在教室进行口头授课的方式，有20～30名员工集中在一起听老师讲授某一个特定的安全专题。这样的讲授方式存在一些缺点：一是如果教师在某个方面并不是很有经验，那么这次培训的效果就大打折扣；二是即使是教师对此次培训的内容很专业，培训效果也会受这个教师当天情绪的影响；三是有时教师在某些课堂会忘记给员工传递一些重要的信息。

对公司的员工进行集中的定期安全培训，通常是利用教室或会议室设施，在企业安全主管或管理人员的指导下进行。为了保证培训效果和便于组织讨论，一般每次培训(每班)为几十个员工。并且每次培训并非平铺直叙地全面浏览一遍，而是选择一些和培训学员所在企业生产作业特别相关的课程，有重点、有目标地选择课程进行培训。

根据对人的认知测试研究，人们从单一的文字或听觉等文本和听力获得的信息不超过25％，而通过听、看这样听觉加视觉获得的信息则可以超过80％因此，目前美国几乎所有的公司都会利用视频形式为员工提供安全培训。很多培训仍然是在教室里进行，但指导教师会首先给学员播放一张DVD光盘，然后他们开始共同探讨学员在DVD光盘中第一次看到的内容，以及这些内容如何应用于他们的工厂和每个人的工作中。

在制定培训目标和选择课程时，企业一般都要考虑学员所在企业近期发生的人员伤害事故或设备事故，无论是已经发生并造成后果的事故，还是未遂事故，都可以作为计划安全培训、确定重点或目标的依据。另外，企业自身的生产作业特点也是考虑的要点。

另外，美国企业非常重视在培训结束时进行测试，这样可以再次加深学员对课程主要知识点的记忆。同时，每次培训完成后对每个参加培训的员工都有详细的关于此次培训情况的记录存档。有一部分美国企业也开始使用基于计算机网络平台的培训产品进行安全培训。这种培训也使用DVD光盘，但加入了互动形式，员工可以通过回答问题来更深入地学习DVD光盘里面提供的安全培训知识。有一些公司还通过网络采用师生互动形式对员工进行安全培训。

三、我国现行的安全生产培训模式

2000年以后，我国的安全生产培训走上了法治化、规范化、科学化的快速发展道路，安全培训的规模、类型、方式方法、培训基础条件和设施都得到了改进和发展。国家安全生产监督管理总局所属培训机构及各地方安全监管部门所属安全培训机构相继举办了多类型的安全培训班。这些培训班归类如下：

（一）资格类培训

资格类培训是一种岗位技能培训，主要是针对在安全生产重要岗位上任职的主要负责人、安全管理人员、特殊岗位技术人员和负责安全管理事务的领导干部实行的一种上岗资格培训。这类培训，一般都制定相应的培训大纲和考核标准，培训结束，安全监管部门会颁发相应的任职资格证书，作为任职的依据。

1. 培训对象

目前，我国对以下工作岗位的人员已经实行安全资格培训：

（1）各级安全监察监管机构从事安全监察监管具体工作的专业人员。

（2）煤矿、非煤矿山、危险化学品、烟花爆竹和建筑等高危行业的企业负责人和安全管理人员。

（3）煤矿、非煤矿山、危险化学品、烟花爆竹和建筑特种作业人员，特种设备操作和管理人员。

（4）安全培训机构教师、安全检测检验机构和安全机构的评价人员。

（5）安全培训机构的专职教师。

（6）应急救援机构的负责人、专职救援队员。

2. 培训目的

安全资格类培训负有向培训对象传授如下几个方面知识和技能的任务：

（1）在相关岗位任职必须掌握和熟悉的法律、法规、标准和政策。

（2）在相关岗位任职必须掌握的专业知识、管理知识。

（3）在相关岗位任职必须具备的素质和意识。

（4）典型经验和教训总结。

3. 培训特点

（1）一般具有统一的培训大纲和考核标准。

（2）一般具有统一的培训教材。

（3）传授知识占有一定的比例。

（二）专题培训

专题培训是围绕安全生产某一方面的内容开展的专项培训。

1. 培训内容

这类培训内容通常围绕以下情况：

（1）新出台的法律法规和标准、政策的宣传贯彻。

（2）新技术、新装备的推广。

（3）典型经验总结和典型事故案例剖析。

（4）其他需要培训的内容。

2. 培训特点

专题培训方式、培训时间通常需要根据培训目的、培训对象和培训内容确定，授课方式根据培训课程特点确定，通常包括课堂讲授、分组研讨、实验、现场演示等多种方式。专题培训一般没有固定的培训大纲和考核标准，培训地点根据培训需要选定。

（三）委托式培训

委托式培训又称为"订单式培训"，它是送培单位根据自身的工作需要，向培训机构提出培训目的和需求，同时提供培训对象的基本情况资料，培训机构根据这些基础资料，确定培训时间、内容、课程设置、授课方式、考核方式等培训要素。委托式培训具有如下特点：

1. 目的性强

委托式培训是解决生产经营单位全部或者部分人员的工作需要而开设的培训项目，因此，培训内容、课程设置和培训方式应该紧密围绕培训目的展开，与培训目的不紧密，即使在一般意义上非常重要，都不应开设。

2. 具有强烈的个性化色彩

委托式培训一般具有明显的送培单位的痕迹，例如，我们为某一全部采用放顶煤开采的煤矿企业培训采煤技术，在采煤方法方面的课程，即以放顶煤知识为主，其他采煤技术应略讲或者不讲。

3. 培训方式多样性

课程讲授方式、课程类别根据培训目的等因素确定，例如，根据学员文化程度、课程特点需要采取现场演示、现场操作等方式。

四、我国安全生产培训模式的特点

（1）自2000年以来，伴随国家安全监管监察体制的建立，我国安全培训吸取了国外发达国家的先进经验，逐步改变以往照搬学历教育的教学模式，适应我国安全生产法律体系、安全监管体制，初步建立了基于我国国情的安全生产培训体系。

（2）我国目前在高危行业的企业"三项岗位人员"安全资格培训方面已经形成了一套相应固定的培训模式，而在其他培训方面，水平差异很大，发展极不平衡。突出表现在培训教材、教师和考核标准等软件方面，同时，在培训设施、培训手段等方面，如发达地区和不发达地区就存在很大的差异。

（3）我国目前在培训模式方面，突出表现在两个方面：一是培训项目与安全生产需要关联性差，培训项目的设计仅仅是为了完成上级交给的任务，而对培训的目的研究较少。二是培训项目与安全生产需求存在一定的差异，目前，我国在安全生产培训机构的管理方面，套用学历教育管理模式，安全生产培训机构的教师很少参与安全生产管理、监管监察等工作，培训内容在整体上与企业安全生产实际有一定差距；培训设施等方面也与先进企业有一定的差距。

（4）在专题培训、委托式培训等方面，还缺乏针对我国安全生产需要的培训方法和手段，例如在实现师生互动方面，采用研讨式与实践式教学方法等方面，把最新的安全装备、安全技术和安全管理方法介绍给学员，向学员介绍最新发生的案例等方面，还有很多的工作要做。

（5）在创立安全培训模式方面，完全套用国外的经验是不实际的想法，由于我国生产力水平与发达国家存在一定的差距，国民的教育程度与国外发达国家相比还处于低层次，因此，必须基于我国的安全生产需要创立我国自己的安全培训模式。

第二节　安全生产培训流程

一、安全生产培训流程简述

1. 典型的安全生产培训流程

安全生产培训流程是指一个安全培训项目从开始启动到项目结束的工作步骤和内容。根据我国安全生产法律法规和标准的相关规定，一个典型的安全生产培训流程如图5-1所示。

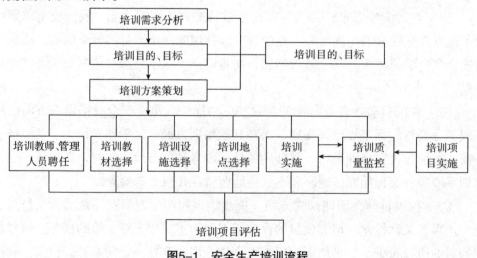

图5-1　安全生产培训流程

2. 安全生产培训工作内容

根据图5-1所示的安全生产培训流程，我们可以从时间上将一个安全生产培训项目的流程分成两个模块：第一个模块是指培训前准备，也就是培训项目的启动，简称为准备模块；第二个模块是培训项目的执行，简称为执行模块。两个模块在时间上存在交叉和重叠现象。根据安全生产培训项目的运行特点，一个安全生产培训项目一般包括以下要素：

（1）培训需求分析。

（2）培训目的与培训目标。

（3）培训方案策划与设计。

（4）培训教师与管理人员的选择。

（5）安全培训教材和课件。

（6）培训内容及课程设置。

（7）培训地点及培训设施、设备。

（8）培训方式方法。

（9）培训考核和认定标准及方式。

（10）培训绩效评估。

（11）安全培训管理。

以上内容中，前七项属于第一模块，后四项属于第二模块。

二、安全生产培训流程的准备模块

（一）培训需求分析

1. 安全培训需求分析的内容

策划或者开发一个安全培训项目，必须进行安全培训需求分析。需求分析通常采用问卷调查方式，以下方面的问题是调查中必须采用的：

（1）该安全培训项目是非常必要吗？

（2）培训对象的岗位、学历、职称等基本情况。

（3）培训对象现在的业务状况(优点／缺点分析)。

（4）培训要解决的问题(知识、技能、意识或者素质)。

（5）造成这些问题的原因是什么？

（6）以前开展相关的培训吗？

（7）目前最需要解决的问题是什么？

（8）培训的地点、时间以及培训方式(脱产、半脱产、不脱产)。

（9）培训的考核方式。

（10）培训结果的验收方式。

（11）培训费用和培训成本。

（12）培训项目和企业(部门)的工作远期目标、近期目标的关系是什么？

2．需求结果分析

（1）培训项目能帮助培训对象缩短的差距在哪里？（差距—目标）

（2）受训者要学什么？

（3）谁接受培训？

（4）培训类型和培训次数。

（5）培训项目的策划与设计。

（6）分析学员：他们是谁？工作背景与工作职能、知识水平如何？他们自愿来参加培训吗？他们的态度如何？是初训还是复训？

（二）培训目的与培训目标

培训目的根据培训需求分析结果确定，安全生产培训目的通常包含以下内容：

（1）对即将从事安全生产某一个(类)岗位的相关人员进行岗前培训，使其掌握从事该岗位工作必须具备的安全生产专业知识和技能。

（2）针对安全生产方针与政策、安全生产法律法规、安全生产规划等文件组织开展的宣贯教育。

（3）安全生产的先进经验和发生的典型事故案例的教训总结。

（4）推行安全生产新设备、新技术、新理论。

（5）安全生产特定岗位人员的知识、技能和思维更新。

（6）安全素质、安全意识的培养等。

安全生产的培训目的或者培训目标，是依据培训需求而拟定的，要依照培训对象的需要和基础条件而决定，既要避免出现遗漏，也要避免重复培训。

（三）培训方案的策划与设计

1．培训方案的内容

培训方案设计又称为培训方案策划，它是以培训需求分析结果为依据，在此基础上，根据国家有关政策和安全生产培训的教学特点设计的一套书面方案，包括以下内容：①培训对象应该掌握什么；②学员的基本情况和数量；③安全培训的目标；④培训内容与课程设计；⑤培训教材与课件；⑥培训模式、教学活动、效果评估设计；⑦实验、讲课、技能训练等反馈与修订；⑧考核方式；⑨效果评估。

2. 安全培训项目的策划和开发

项目策划是一种具有建设性、逻辑性思维过程，在此过程中，总的目的就是把所有可能影响决策的决定总结起来，对未来起到指导和控制作用，最终借以达到方案目标。它是一门新兴的科学，以具体的项目活动为对象，体现一定的功利性、社会性、创造性、时效性和超前性的大型策划活动。

项目策划的原则有以下几点：

（1）可行性原则

项目策划，考虑最多的便是其可行性。"实践是检验真理的唯一标准"，同样，项目策划的创意也要经得住事实的检验。

（2）创新性原则

安全培训目的就是让学员掌握新知识、新技能，创新还体现在培训方法、培训教材、培训管理创新。

（3）无定势原则

世界万物都处在一个变化的氛围之中，没有无运动变化的事物，事物就是在这种运动的作用下发展的。培训策划必须打破传统模式的限制，追求卓越和创新。

（4）价值性原则

项目策划要按照价值性原则来进行，这是其功利性的具体要求与体现。

（5）智能放大原则

人的能量是无穷的，策划中的创意与构思也是无止境的，因此说项目策划要坚持智能放大的原则。

（6）信息性原则

收集原始信息力求全面，在收集原始信息时，范围要广，防止信息的短缺与遗漏。收集原始信息要可靠真实，一个良好的项目策划必然是建立在真实、可靠的原始信息之上；信息加工要准确、及时，对一个项目的策划人来说，掌握信息的时空界限，及时地对信息加以分析，指导最近的行动，才能保证策划效果完善；保持信息的系统性及连续性，对一事物发展的各个阶段的信息进行连续收集，从而使项目策划更具有弹性，以应对形势的变化。

3. 安全生产培训项目策划书撰写

在以上前期工作结束后，应着手编写安全生产培训项目策划书。安全生产培训项目策划书的主要构件有以下几项：

（1）封面

策划组办单位；策划组人员；日期；编号。

（2）序文

阐述此次安全生产培训策划的目的，主要构思、策划的主体层次等，语言要精练。

（3）目录

策划书内部的层次排列，给阅读人以清楚的全貌。

（4）内容

策划创意的具体内容。文笔生动，数字准确无误，运用方法科学合理，层次清晰。

（5）预算

为了更好地指导安全生产项目活动的开展，同时便于加强管理，需要把安全生产培训项目经费预算作为一部分在策划书中体现出来。

（6）项目进度表

包括策划部门的时间安排以及安全培训作进展的时间安排，时间在制定上要留有余地，具有可操作性。

（7）安全生产培训策划书的相关参考资料

项目策划中所运用的二手信息材料要引出书外，以便查阅，包括引用的有关数据、培训拟采用的教材和参考资料等，都需要在附件中按照规定格式予以注明。

（8）编写安全生产培训项目策划书要注意以下几个要求

文字简明扼要；逻辑性强、顺序合理；主题鲜明；运用图表、照片、模型来增强项目的主体效果；有可操作性。

安全生产培训项目策划书编写出来之后，应制定相应的实施细则，以保证项目活动的顺利进行，要保证策划方案的有效应做好三方面的工作：

（1）监督保证措施

科学的管理应从上到下各环节环环相扣，责、权、利明确，只有监督才能使各个环节少出错误，以保证项目活动的顺利开展。

（2）防范措施

事物在其发展过程中有许多不确定的因素，只有根据经验或成功案例进行全面预测，发现隐患，防微杜渐，才能把损失控制在最低程度内，从而推动项目活动的开展。

（3）评估措施

项目活动发展到第一步，都应有一定的评估手段以及反馈措施，从而总结经验，发现问题，及时更正，以保证策划的事后服务质量，提高策划成功率。

（四）培训教师与管理人员的选择

一项安全培训活动必须依靠培训教师和管理人员实施，才能使培训目标变成现实。安全培训教师是指在安全培训项目中从事安全培训教学的人员，具体包括培训课程讲授、培训研讨、培训技能训练等具体业务活动的人员；而安全培训管理人员是指在安全培训项目中负责培训事务管理的人员，具体包括培训方案策划、培训班级管理、后勤事务管理的人员。

培训教师与管理人员同等重要，都是培训项目人员整体不可缺少的组成部分，轻视培训管理人员和培训管理工作的倾向比较普遍，也是影响培训目标有效实施的重要原因。在很多培训机构，一个人可以兼任培训教师与管理人员。

1. 安全培训教师及其聘任

（1）安全培训教师类型

安全培训教师有专职教师和兼职教师两类，缺一不可。

①专职教师

专职教师是指人事和工资关系在培训机构的教师。

每一个安全培训机构必须配备相应数量的专职教师，教师的专业和培训机构的培训领域及其承担的培训教学内容要相适应。

②兼职教师

兼职教师是指业余时间或者部分时间从事培训工作的教师。每一个安全培训机构要根据培训需要，聘任一定数量的兼职教师。

（2）安全培训师资任职条件

①安全培训机构的专职教师：安全培训专职教师应当具备一定的职称、学历；具备所从事专业相应的一段时间的工作经历；接受职业培训教师岗位任职资格培训，掌握现代教育技术；热爱安全培训工作，愿意投身于安全培训工作；具备良好的心理素质。

②安全培训机构的兼职教师：一个培训机构配备一定数量的兼职教师是必要的，这是由安全培训的特点决定的；兼职教师应当热爱安全培训工作，并具有良好的敬业精神；在安全生产的相关领域有较深的专业或者理论造诣；具有良好的表达能力，掌握现代教育技术；兼职教师可以采取临时聘用和长期聘用的办法。

（3）安全培训师资的来源

独立的培训机构从高等院校、政府部门、科研院所和大型企业招聘；高等院校和科研院所所属的培训机构可以从本单位其他部门聘请一部分专业人员作为安全培训教师；每一个机构都需要外聘教师。

（4）安全培训教师的特点

①针对安全生产领域某一问题讲述，教学内容具有强烈的针对性和时效性。

②熟练掌握现代教育技术和设备，发挥现代教育技术的效能。

③认真分析培训对象、培训目的，准备培训课程，准备的时间远远大于讲课时间。

④启发式教学，留有一定的师生互动时间，讲课开门见山。

（5）安全培训教师的管理

①及时告之教师授课对象、时间、培训目的和内容以及培训要求。

②采取适当方式向教师反馈学员对教师的意见。

③尽量满足教师的合理要求，教师的聘任以长期聘任为佳。

④及时与教师沟通，客观、公正分析教师和学员的意见。

（6）安全培训教师的培训

①培训教师最常遇到的问题就是知识更新，因此定期参加培训是培训教师的义务和职责。

②培训可以采取多种培训模式和方式开展。

③对教师应当提出明确的要求，使其指导培训的目的、内容和要求。

④教师的培训分成资格培训和岗位技能更新培训两种类型。

2. 安全培训管理人员

（1）安全培训管理人员的特点

①安全培训管理人员是指安全培训的组织、策划和日常教学管理人员，在一些安全生产培训机构中，部分人员同时具有教师和管理人员的两重身份。

②安全培训管理人员职责是按照培训项目计划规定的内容、时间和进度，组织培训项目的实施，并不断进行总结，在必要条件下，建议对培训项目进行适当微调。

③安全培训管理人员管理对象不仅包括培训项目，还包括安全培训教师。安全生产培训管理特点在于要做到精细化、过程化和人本化管理。

（2）安全培训管理人员的要求

①敬业：把培训工作作为一项崇高事业来做。

②学习：不断更新知识，与时俱进。

③加强安全生产实践技能的培养。

④不断研究培训方式和完善自己。

⑤资料的收集、整理和完善。

⑥善于听取各种意见，包括自己反对的意见。

⑦从学员的角度思考问题。

（五）培训教材和课件

1. 安全培训教材特点分析

（1）知识的新颖性

教材的内容要有目前的新技术、新知识、新装备、新法规。

（2）实用性

教材围绕培训大纲编制，所提供的内容具有操作性。

（3）时效性

所提供的案例是最新发生的案例，且具有典型性。

（4）规范性

教材围绕培训大纲和培训计划编制。培训教材与培训资料既有联系，又有区别。

2. 培训教材配备原则

（1）配备的培训教材是培训期间适用的。

（2）每一个培训机构应当根据自己的培训任务编制、开发相应用的培训教材。

（3）编制培训教材是教师工作量的一个重要组成部分。

（4）"少而精"是培训教材的基本原则，教材在格式、语言等方面要体现培训教学特色。

（六）培训内容及课程设置

1. 培训课程的特点

（1）新颖性

观点创新、技术创新、方法创新、设备创新。

（2）实用性

围绕培训目标设置课程，培训是解决技能欠缺，不是素质教育。

（3）科学性

培训方案是一个整体，包括方法、教师、评估都是精心考虑的。

（4）完整性

学员到达培训地点以后的一切活动都必须考虑。

2. 培训课程的设置

（1）要严格、完整地按照培训策划方案设置安全培训课程。

（2）培训课程的设置必须注意知识的衔接，避免遗漏与重复。

（3）每一门培训课程时间不宜超过两个教学日。

（4）课程设置不可太密，否则会导致学员学习紧张，精疲力竭，也不可太松。

（5）根据培训内容，设置课程的教学形式。

（6）不要设置培训需求以外的课程，即使这门课程非常好。

（7）要根据师资条件设置课程的内容。

（七）培训地点及培训设施、设备

1. 安全培训设施类别

（1）安全培训教学设施。

（2）安全实验和技能训练设施。

（3）学员文化娱乐设施。

（4）后勤服务设施和交通设施。

（5）安全培训教室器具。

（6）军训与拓展训练设施。

（7）安全培训用房：安全培训教室、安全培训研讨室、安全培训技能训练室、安全培训资料档案室、安全培训机房、安全展室、安全培训办公室、安全培训宿舍、安全培训餐厅。

2.　配备安全培训设施的原则

（1）以人为本，从学员需求、培训效能的需要配备相应设施。

（2）围绕培训对象、培训内容和培训目的配备培训设施。

（3）着力提高培训设施使用率，避免资源浪费。

（4）培训机构既不是普通高等学校，但是也不是一般意义的宾馆和饭店。

（5）及时更新设备。

三、安全生产培训流程的执行模块

（一）培训方式与方法

1.　培训方式

培训方式是指培训地点、培训管理方法等方面的内容，目前安全培训方式主要有以下几种：

（1）脱产集中培训

培训在培训机构或培训机构选定的培训地点举行，学员一律离开工作岗位，培训结束并且通过考核以后，表示培训结束。

（2）间断式集中培训

这类培训是指学员在工作时间不离开工作岗位，利用业余时间，分成若干次集中培训，培训结束并且通过考核以后，表示培训结束。

（3）远程培训

培训机构把培训计划、培训课程相关内容及培训课件挂在相应网站，学员自己选择时间，在规定期限内，完成培训课程学习。

每种培训方式都有其适用条件，必须根据培训内容、培训目的选择相应的培训方式，一般地，培训效果与培训集中程度成正比，而培训成本与培训集中程度成反比。

2. 培训方法

（1）课堂讲授法

在讲授时，可以尽量地用通俗化语言和既能让人听懂又能引起兴趣的语言，在讲课时，要强调重点。讲师要形成良好的演讲习惯，直接指出学生应该注意哪些问题，知识的传授更加系统、全面。

（2）角色演练法

提供一个情景，让部分学员来担任各个角色并出场表演，观看表演的重点是要注意与培训目的有关。表演结束后，角色扮演者、观察者和培训讲师可以联系情景讨论角色扮演者所表现出的行为，制订提高和改善培训学员能力的发展计划。

（3）游戏法

使学员产生"顿悟"的活动方式。需要注意的是，在游戏之后，教师应当对游戏目的、意图和内容给予恰当的解释，激发学员的兴趣。

（4）档案／案例研讨法

档案／案例研讨是指对某一些特定管理情境加以典型化处理，并形成供学员思考、分析和决断的书面描述或介绍。在企业安全培训中使用档案／案例研讨法对学员进行培训是一种非常有效的方法，它通过独立研究和相互讨论的方式来提高学员分析和解决问题的能力。档案／案例一定要适合课程的内容，并且讨论之后一定要引申出必要的工具。案例包括事故案例和实例，要认真选择案例。

（5）录影辅助／回馈法

通过在课堂上放映事先制作并与课程内容紧密相关的电影、录影表现，使学员更容易地发现自己的优点，同时也容易见到需要改善的地方。

（二）培训考核和认定标准及方式

1. 安全培训考核

包括试卷考核、论文考核、面试等几种考核方式。安全培训考核必须根据培训类型、对象、目的确定考核方式和成绩评定方式，培训机构应当结合学员在培训过程中的表现和最终考核结果，综合评定学员的安全培训成绩。

安全培训考核是提高安全培训质量、效果的措施，精心制定培训策划方案，按照培训目标选定培训教师，加强培训过程管理，管理人员应当经常听课，定期开展培训质量评估，根据评估结果及时调整培训方案。

2. 安全培训质量控制

安全培训质量控制指安全培训质量的界定指标、安全培训质量控制方法、质量评价方法、指标获得方法等方面。

安全培训质量是一个系统的概念，包含多个方面的内容：培训目标的实现，培训课程，培训教材，培训考核方法。培训质量应当考虑主管部门、培训教师、培训管理人员和学员的综合评价。

安全培训质量的界定指标由定性指标和定量指标组成，指标应当结合培训目标、对象等方面确定。

（三）培训绩效评估

1. 评估内容

（1）培训课程的目的是否确立？

（2）培训是充分需要吗？

（3）学员的选择适当吗？

（4）培训课程设计合理吗？

（5）培训师的选择适当吗？培训场地合适吗？

（6）培训方法合适吗？

（7）学员的情绪高昂吗？

（8）培训课程的管理顺利吗？

2. 培训效果评估的方案

（1）简单评估：只在培训后进行一次。

（2）前后评估：培训前后各进行一次评估，两者的差距即为评估效果。

（3）多重评估：①培训前进行多次评估，取其平均值；②在培训后测定多次，取其平均值；③两个平均值之间的差距为培训效果。

（四）安全培训管理

1. 过程概念

过程概念是现代组织管理最基本的概念之一，在《质量管理体系基础和术语》中，将过程定义为：一组将输入转化为输出的相互关联或相互作用的活动。过程的任务在于将输入转化为输出，转化的条件是资源，通常包括人力、设备设施、物料和环境等资源。增值是对过程的期望，为了获得稳定和最大化的增值，组织应当对过程进行策划，建立过程绩效测量指标和过程控制方法，并持续改进和创新。

2. 过程方法

ISO 9000"过程方法"中指出：系统地识别和管理组织所应用的过程，特别是这些过程之间的相互作用，称为"过程方法"。为使组织有效运行，组织应当采用过程方法识别和管理众多相互关联和相互作用的过程，对过程和过程之间的联系、组合和相互作用进行连续的控制和持续的改进，以增强顾客满意和过程的增值效应。

3. 过程管理PDCA循环

过程管理，是指使用一组实践方法、技术和工具来策划、控制和改进过程的效果、效率和适应性，包括过程策划、过程实施、过程监测（检查）和过程改进(处置)四个部分，即PDCA循环四阶段。PDCA（Plan-Do-Check-Act）循环又称为戴明循环，是质量管理大师戴明在休哈特统计过程控制思想的基础上提出的。

（1）过程策划（P）

①从过程类别出发，识别组织的价值创造过程和支持过程，从中确定主要价值创造过程和关键支持过程，并明确过程输出的对象，即过程的顾客和其他相关方。

②确定过程顾客和其他相关方的要求，建立可测量的过程绩效目标(即过程质量要求)。

③基于过程要求，融合新技术和所获得的信息，进行过程设计或重新设计。

（2）过程实施（D）

①使过程人员熟悉过程设计，并严格遵循设计要求实施之。

②根据内外部环境、因素的变化和来自顾客、供方等的信息，在过程设计的柔性范围内对过程进行及时调整。

③根据过程监测所得到的信息，对过程进行控制，例如：应用SPC（统计过程控制）控制过程输出（产品）的关键特性，使过程稳定受控并具有足够的过程能力。

④根据过程改进的成果，实施改进后的过程。

（3）过程监测（C）

①过程监测包括过程实施中和实施后的监测，旨在检查过程实施是否遵循过程设计，达成过程绩效目标。

②过程监测可包括：产品设计过程中的评审、验证和确认，生产过程中的过程检验和试验，过程质量审核，为实施SPC和质量改进而进行的过程因素、过程输出抽样测量，等等。

（4）过程改进（A）

过程改进分为两大类："突破性改进"是对现有过程的重大变更或用全新的过程来取代现有过程（即创新）；而"渐进性改进"是对现有过程进行的持续性改进，是集腋成裘式的改进。

4．安全培训管理内容

（1）安全培训质量监督。

（2）安全培训计划制订。

（3）安全培训工作的组织和协调。

（4）安全培训班的管理。

（5）安全培训事务管理。

5．安全培训管理要点

（1）培训机构的职责

开发和策划培训项目，制订培训计划，评估培训质量，做好日常培训服务。

（2）培训机构管理的完善

管理制度、运行机制。

（3）培训教师

但求我所用、不求我所有的原则。

（4）培训信息交流

学员、培训机构之间，教师、管理部门之间信息交流。

（5）培训设施建设的现代化

围绕培训目的、培训对象和培训内容。

（6）配置培训设施。

第三节　适用于安全生产需要的培训模式

一、安全培训流程中各要素重要性分析

1．培训需求

培训需求是一个（类）安全生产培训项目能够开展的首要条件。安全培训是一项安全生产公益性活动，既有一定的公益性，同时也有市场特性。只有存在培

训需求，才可能保证其他培训要素存在的条件，因此，我们在设计开发培训项目时，必须把握以下原则：

（1）任何一项安全培训项目都是基于特定的需求而发生的。

（2）准确把握安全培训需求，是保证一个（类）培训项目成功的关键。

（3）把握安全培训需求，需要根据安全生产培训特点，采用适当的方法开展。

2. 培训目的

培训目的是围绕培训需求确定的，它将培训需求具体化，安全培训作为一种职业化教育特点明显的活动，其目的性具体、明确，因此，设计和开发一个(类)安全培训项目，首先必须确定培训目的，需要把握以下原则：

（1）全培训目的是在准确掌握培训需求的基础上确定的，而不是凭空想象出来的，需要进行调查研究，掌握全面的信息后确定。

（2）安全培训目的非常具体，在培训策划方案中需要明确。

（3）一个（类）培训项目的目的不要太大或者太宽，培训项目只能解决一个或者若干个问题。

3. 培训内容

培训内容上实现培训目的的具体化，在确定培训内容时需要掌握以下原则：

（1）在培训需求和培训目的规定的范围内。

（2）目前的培训条件可以实现。

4. 培训课程

培训课程与培训内容密切相关，又有差别，在一定意义上说，安全培训课程是培训内容的量化，在设计培训课程时，需要注意以下问题：

（1）培训课程根据培训内容安排，超出培训内容以外的内容不要安排在培训课程中。

（2）每一门培训课程时间要适当均衡，一门课程过长或者过短，都极大影响培训效果。

（3）培训课程设置要考虑培训效果，与培训方法联系起来。

（4）培训课程设置要考虑现有师资条件。

（5）培训课程的难易程度要考虑学员的知识基础。

5. 培训方式方法

培训方式受培训目的、培训成本和培训需求等因素的决定和制约，对于安全资格（资质）类的培训、宣传贯彻某一类战略思想和重要政策等方面的安全培训，一般采取脱产学习、集中培训方式效果比较好；而对于专题类的培训，可以在学员所在单位集中培训为好。

培训方法取决于培训课程的特点，目的是通过合适的培训方法，增强培训效果，需要注意如下原则：

（1）培训方法是根据课程内容要求而设计的，不存在哪一种方法优劣的问题，培训方法只有与培训课程联系起来，才能评价其效果。

（2）培训方法必须在培训教师和学员都掌握的情况下，才能发挥其效果。

（3）在必要的条件下，要在培训方案中专门安排时间，让培训对象理解和掌握培训方法。

6．培训成本

培训成本是一个（类）培训项目中要考虑的关键因素之一，用最低的成本取得最好的培训效果，是安全培训项目中的一个重要原则，降低培训成本，以保证培训质量为前提。要做到这一点，必须注意以下问题：

（1）在认真调研的基础上，细化和认真审核培训项目的开支，并将其纳入培训方案中。

（2）每一个培训教师和管理人员都要承担节约培训成本的责任。

（3）提高执行力，切实保证培训项目开支在计划内执行。

7．培训对象

安全培训项目成功与否，研究培训对象非常重要，作为一个(类)培训项目的策划者和管理者，要在培训项目实施之前，准确掌握培训对象的有关信息，这包括以下内容：

（1）培训项目参加人数。

（2）一个培训对象的个人信息。

（3）一个培训对象对本培训项目的态度。

（4）本培训项目培训对象的基础知识。

（5）培训对象对本次培训项目的期望。

信息可以通过问卷调查、训前测试等方法获得。

8．培训时间

培训时间受培训内容、培训对象的基础条件和培训成本等因素制约，一般原则是尽可能用短的时间完成培训项目的实施。要做到这一点，必须注意以下事项：

（1）在培训方案设计和策划时，要周密设计，提高培训效率，时间安排要有张有弛。

（2）以达到培训目的为前提因素。

9. 培训考核

安全培训考核与学历教育有明显区别，有多种方式，需要根据培训需求、培训目的和培训内容设计来确定采用何种考核方式。一般说有以下方式：

（1）卷面考试，以100分计算考试成绩。

（2）论文考核，学员围绕培训内容，运用所学知识，撰写一篇论文。

（3）口试，组织专家组对学员进行测试。

（4）现场实际技能操作。

10. 培训绩效评估

培训项目结束以后，对培训效果进行评估是非常重要的，培训评估方法要根据培训目的、培训方法和培训对象等要素来选择，评估的目的是为了以后的项目避免发生前面的错误，吸取现有项目的经验。评估指标要围绕培训策划方案设计，定性和定量相结合，对指标的分析，要采取专家、培训管理者、培训对象共同评估，分值比例加权的方式进行。

二、基于安全生产需要的安全培训模式设计

通过以上分析，我们可以判定，在培训项目的设计和策划中，安全培训需求是一个安全生产培训项目最为关键的因素，安全培训模式的设计应当以安全生产培训需求为中心，在考虑其他要素的基础上，设置相应的安全生产培训模式。

1. 安全素质培训模式

以提高培训对象安全生产相关知识、技能为目的，这类项目因培训需求涉及的内容广度和深度要求高，时间较长，培训一般采取脱产方式进行，培训课程设置系统性强，考核采取分阶段、分课程等方式进行，同时在结业时采取答辩方式，对培训对象进行综合考核。

2. 安全技能培训模式

这一类培训项目有两类：一类主要使培训对象掌握某一方面的专门安全技

能、安全知识，这类培训项目因为培训内容专门性强，因此培训时间一般比较短，课程设置目的明显，考核一般采取论文方式进行。另一类是为特定的培训对象从事某一个（类）安全生产岗位任职必须具备的专业知识和技能而开设。

3. 安全专题内容培训模式

这类培训项目主要是要求培训对象掌握某一方面的专门知识，或者是有关机构为了使特定岗位上的培训对象理解某些专门政策而设计的培训项目。这一类培训项目目的性强，围绕专门问题而展开，课程少，一般采取讲授和研讨各一半的方式进行，师生共同参与是此类培训班的重要特色。这一类培训班因培训时间短，一般不安排专门的考核。在有些培训班，还安排"学员论坛"等方式。

第四节　安全生产培训质量的定量测评

由于安全培训是一项系统工作，涉及的环节众多、关系复杂，同时反映培训质量的评价因素很多具有模糊性，不能用某一确定的定量值来表示，因此培训质量的测评缺乏统一标准，通常依据人为经验来定性评价，其结果必然带有一定的局限性，不仅对培训过程缺乏深入分析，不同类型的培训也没有可比性。根据安全培训的特性，本书介绍一种定量测评方法，通过构建培训质量评价指标体系，并应用模糊数学理论，将评价因素量化处理，最终计算出培训质量的结果，从而为客观评价安全培训质量提供一种分析方法。

一、研究方法简介

模糊综合评价是以模糊集合理论为基础，通过模糊矩阵的合成运算，将系统中多个相互影响的因素化为有规律的定量数据，以达到综合评价的目的。

1. 建立评价因素集

将评价因素 U 分成为 m 个因素子集 U_i，$i=1$，2，$\cdots$，m，即

$$U=\{U_1, U_2, \cdots, U_m\}$$

其中每个 U_i 又可分为 n_i 个因素，即

$$U_i=\{u_{ij}, u_{i2}, \cdots, u_{in_i}\}, i=1,2,\cdots,m$$

其中u_{ij}表示第i类因素集中的第j个因素，$j=1$，2，$\cdots$，n_i。

2. 建立权重集

既要考虑各类因素子集的权重，又要考虑每一类因素子集中各个因素的权重，因此要建立两方面的权重集。

（1）因素子集的权重集

根据各因素子集的重要程度，赋予每类因素子集相应的权值，即

$$A = \frac{a_1}{U_1} + \frac{a_2}{U_2} + \cdots + \frac{a_m}{U_m}$$

（2）各因素的权重集

根据每一类因素子集中各个因素的重要程度，赋予其相应的权值。设第i类因素子集中第j个因素的权值为a_{i1}，$i=1$，2，$\cdots$，m，j：1，2，$\cdots$，7，n_i，则该类子集中n_i个因素的权重集为：

$$A_i = \frac{a_{i1}}{u_{i1}} + \frac{a_{i2}}{u_{i2}} + \cdots + \frac{a_{in_i}}{u_{in_i}} \quad i = 1,2,\cdots,m$$

3. 建立备择集

备择集也称评价集，是评价者对评价对象可能做出的各种评判结果组成的集合，不论因素分为多少类，作为各种可能评价结果的备择集只有一个。设有p种评价结果，则备择集可用V，表示为：V：$\{v_1$，v_2，$\cdots$，$v_p\}$。

4. 一级模糊综合评价

一级模糊综合评价是指对每一类因素子集中的各个因素进行综合评价。设第i类因素集u_i中的第j个因素为u_{ij}，它对于评价对象来说属于备择集中第k个元素V_k的隶属度为r_{ijk}，其中$i=1$，2，$\cdots$，m，$j=1$，2，$\cdots$，n_i，$k=1$，2，$\cdots$，p，则可以得到m个一级评价矩阵R_i，即

$$R_i = \begin{bmatrix} r_{i11} & r_{i12} & \cdots & r_{i1p} \\ r_{i21} & r_{i22} & \cdots & r_{i2p} \\ \vdots & \vdots & & \vdots \\ r_{in_i1} & r_{in_i2} & \cdots & r_{in_ip} \end{bmatrix} \quad i = 1,2,\cdots,m$$

这样，对第i类因素进行模糊综合评价，就可以得到评价集B_i：

$$B_i = A_i \cdot R_i = (a_{i1}, a_{i2}, \cdots, a_{in_i}) \cdot \begin{bmatrix} r_{i11} & r_{i12} & \cdots & r_{i1p} \\ r_{i21} & r_{i22} & \cdots & r_{i2p} \\ \vdots & \vdots & & \vdots \\ r_{in_i1} & r_{in_i2} & \cdots & r_{in_ip} \end{bmatrix} = (b_{i1}, b_{i2}, \cdots, b_{ip}) \cdot$$

5. 多级模糊综合评价

一级评价仅是对每一类子集中的各个因素进行综合，还需要考虑各类因素子集的综合影响，因此在各类子集之间进行综合评价，称为多级模糊综合评价。它是在一级评价结果的基础上进行的，以二级模糊综合评价为例，其评价矩阵为：

$$R = \begin{Bmatrix} B_1 \\ B_2 \\ \vdots \\ B_m \end{Bmatrix} = \begin{Bmatrix} A_1 \cdot R_1 \\ A_2 \cdot R_2 \\ \vdots \\ A_m \cdot R_m \end{Bmatrix} = \begin{bmatrix} b_{11} & b_{12} & \cdots & b_{1p} \\ b_{21} & b_{22} & \cdots & b_{2p} \\ \vdots & \vdots & & \vdots \\ b_{m1} & b_{m2} & \cdots & b_{mp} \end{bmatrix}$$

二级模糊综合评价可以表示为 $B—A \cdot R$，即

$$(b_1, b_2, \cdots, b_n) = (a_1, a_2, \cdots, a_m) \cdot \begin{Bmatrix} B_1 \\ B_2 \\ \vdots \\ B_m \end{Bmatrix}$$

二、安全培训质量的模糊综合评价应用

为提高矿井安全监测监控水平，有效预防和控制煤矿瓦斯事故，中国煤矿安全技术培训中心于2005年4月3日—8日在贵阳举办了矿井安全监测监控系统相关人员培训班。本书以本次培训为例来说明模糊综合评价法在测评培训质量中的应用。

1. 评价指标体系的构建

对安全培训质量进行评价时，从培训的特性出发，将整个培训过程划分为四个一级评价因素，每个一级评价因素中包含若干个二级评价因素。

2. 权重集的建立

依据不同指标对评价结果的不同影响程度，由若干专家分别对一级评价指标和二级评价指标进行打分，然后按照加权平均法对这些分数进行量化处理，即可得到各因素子集和各因素的权值，其结果如下：

$A=(0.3,0.15,0.2,0.35)$

$A_2=(0.2,0.3,0.3,0.2)$ $A_2=(0.2,0.2,0.1,0.15,0.35)$

$A_2=(0.15,0.15,0.2,0.3,0.2)$ $A_2=(0.3,0.2;0.2,0.3)$

3. 备择集的建立

将安全培训质量的测评结果分为五个级别，其相应的区间值及量化值如表5-1所列。培训质量组织结构如图5-2所示。

表5-1 培训质量结果对照表

培训质量级别(V)	优	良	中	及格	差
区间值	（90，100]	（80，90]	（70，80]	（60，70]	（0，60]
量化值(V')	95	85	75	65	30

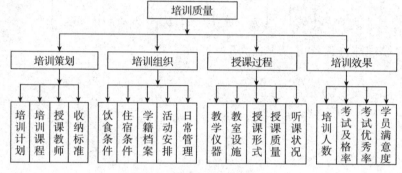

图5-2 培训质量组织结构

4. 一级模糊综合评价

按照评价指标相对于评价结果的隶属关系，由培训组织人员按照实际情况对本次培训的各个环节进行归类，将归类结果进行归一化处理后可得本次培训质量模糊综合评价体系，如表5-2所列。

表5-2 培训质量模糊综合评价体系

一级评价指标			二级评价指标			隶属关系				
名称	权值	评价值	名称	权值	评价值	优	良	中	及格	差
培训策划	0.3	87.3	培训计划	0.2	88	0.4	0.5	0.1	0	0
			培训课程	0.3	91	0.6	0.4	0	0	0
			授课教师	0.3	80	0.1	0.4	0.4	0.1	0
			收费标准	0.2	92	0.7	0.3	0	0	0

续表

一级评价指标			二级评价指标			隶属关系				
名称	权值	评价值	名称	权值	评价值	优	良	中	及格	差
培训组织	0.15	85.15	饮食条件	0.2	82	0.2	0.4	0.3	0.1	0
			住宿条件	0.2	98	0.7	0.3	0	0	0
			学籍档案	0.1	86	0.3	0.5	0.2	0	0
			活动安排	0.15	80	0	0.5	0.5	0	0
			日常管理	0.35	85	0.3	0.4	0.3	0	0
授课过程	0.2	86.9	教学仪器	0.15	75	0	0.3	0.4	0.3	0
			教室设施	0.15	79	0	0.4	0.6	0	0
			授课形式	0.2	90	0.5	0.5	0	0	0
			授课质量	0.3	92	0.7	0.3	0	0	0
			听课状况	0.2	91	0.6	0.4	0	0	0
培训效果	0.35	89.1	培训人数	0.3	89	0.4	0.6	0	0	0
			考试及格率	0.2	95	1	0	0	0	0
			考试优秀率	0.2	85	0	1	0	0	0
			学员满意度	0.3	88	0.3	0.7	0	0	0

对第一类因素子集的各指标进行模糊综合评价，可得评价集如下：

$$B_1 = A_1 \cdot R_1 = (0.2, 0.3, 0.3, 0.2) \cdot \begin{bmatrix} 0.4 & 0.5 & 0.1 & 0 & 0 \\ 0.6 & 0.4 & 0 & 0 & 0 \\ 0.1 & 0.4 & 0.4 & 0.1 & 0 \\ 0.7 & 0.3 & 0 & 0 & 0 \end{bmatrix}$$

$$= (0.43, 0.4, 0.14, 0.03, 0)$$

同理可求出其他因素子集中各评价指标的评价集：

$B_2 = (0.315, 0.405, 0.26, 0.02, 0)$ $B_3 = (0.43, 0.375, 0.15, 0, 0.045, 0)$

$B_4 = (0.41, 0.59, 0, 0, 0)$

对各类评价子集进行矩阵运算可得总体评价集如下：

$$B = A \cdot R = (0.3, \ 0.15, \ 0.2, \ 0.35) \cdot \begin{bmatrix} 0.43 & 0.4 & 0.14 & 0.03 & 0 \\ 0.315 & 0.405 & 0.26 & 0.02 & 0 \\ 0.43 & 0.375 & 0.15 & 0.045 & 0 \\ 0.41 & 0.59 & 0 & 0 & 0 \end{bmatrix}$$

$$= (0.406, \ 0.462, \ 0.111, \ 0.021, \ 0)$$

5. 模糊评价结果的定量表示

求出各个评价子集和评价因素的评价集后，与备择集中相关级别的量化值相乘即可得出评价结果。

（1）各评价因素的评价结果

以培训计划为例，其因素集为 R_{11}，则对该评价因素的评价结果为：

$$V_{11} = V'R_{11} = (95, \ 85, \ 75, \ 65, \ 30) \begin{pmatrix} 0.4 \\ 0.5 \\ 0.1 \\ 0 \\ 0 \end{pmatrix} = 88$$

同理可分别计算出其他各个评价因素的评价结果，见表5-1中相关内容。

（2）各评价子集的评价结果

以培训策划为例，其评价集为 B_1，则对该评价子集的评价结果为：

$$V_1 = V'B_1 = (95, \ 85, \ 75, \ 65, \ 30) \begin{pmatrix} 0.43 \\ 0.4 \\ 0.14 \\ 0.03 \\ 0 \end{pmatrix} = 87.3$$

其余各评价子集的评价结果见表5-1中相关内容。

（3）培训质量整体评价结果

综合考虑各类评价子集的相互影响，对整个培训质量测评体系进行总体评价，其评价结果为：

$$V = V'B = (95, \ 85, \ 75, \ 65, \ 30) \begin{pmatrix} 0.406 \\ 0.462 \\ 0.111 \\ 0.021 \\ 0 \end{pmatrix} = 87.53$$

6. 模糊综合评价结果的分析

从总体评价结果看，本次培训属于优的比例为40.6%，属于良的比例为46.2%。属于中的比例为11.1%，属于及格的比例为2.1%，总体得分87.53，按照评价级别和相应区间值的关系，本次培训总体上培训质量属于良。

从各个评价子集的评价结果看，培训策划得分87.3，培训组织得分85.15，授课过程得分86.9，培训效果得分89.1，各子集的得分较为均衡，均属于良。

从各个评价指标的评价结果看，培训课程、收费标准、住宿条件、授课质量、学员听课情况、考试及格率等方面得分均在90分以上，属于优，说明这些环节组织较好；而教学仪器、教室设施得分较低，属于中的级别，说明在授课环节中硬件设施还需要进一步改进。

应用模糊综合评价法对安全培训质量进行测评，可将带有模糊性的定性指标转化为具体的量化值，依据模糊数学的相关理论计算出测评结果。通过对结果的深入分析，可找出培训过程中存在的不足之处，从而为目标明确、有的放矢地改进培训工作提供理论依据。

第六章　安全生产应急体系

第一节　安全生产应急体系概述

安全生产工作包括事故预防、应急救援和事故调查处理三个主要方面，其中应急救援承上启下，与事故防范和事故调查处理密切相关。由于事故灾难种类繁多、情况复杂、突发性强、覆盖面大，应急救援活动又涉及从高层管理到基层人员等各个层次，从公安、医疗到环保、交通等不同领域，这都给应急救援日常管理和应急救援指挥带来了许多困难。解决这些问题的唯一途径是建立起科学、完善的应急体系和实施规范有序的运作程序。

安全生产应急体系是指应对突发安全生产事故所需的组织、人力、财力、物力、智力等各种要素及其相互关系的总和。应急体系的基本框架是"一案三制"，即为应对突发安全生产事故所编制的应急预案和建立的运作机制、组织体制以及相关法制。而应急队伍、应急物资、应急平台、应急通信、紧急运输、科技支撑等则构成安全生产应急体系的能力基础。安全生产应急体系与自然灾害应急体系、公共卫生应急体系、社会安全应急体系共同构成我国处置公共突发事件应急体系，是国家应急管理的重要支撑和组成部分。

安全生产应急体系的建立和完善是一项复杂的系统工程，需要以各级政府及有关部门为主，以国情、各地情况、行业情况为依据，以科学发展观为指导，以专项公共资源的配置、整合为手段，以社会力量为依托，以提高应急处置的能力和效率为目标，坚持常抓不懈、稳步推进。建立健全安全生产应急体系，对于强化安全生产基础，应对事故灾难，维护人民群众生命财产安全意义重大，具体体现在：①建立健全安全生产应急体系是安全生产形势发展的需要；②建立健全安全生产应急体系是加强安全生产监管体系建设的需要；③建立健全安全生产应急体系是构建和谐社会的需要。

一、安全生产应急体系建设目标

我国安全生产应急体系的建设目标是：通过各级政府、企业和全社会的共同努力，建设一个统一协调指挥、结构完整、功能齐全、反应灵敏、运转高效、资源共享、保障有力、符合国情的安全生产应急体系，重点建立和完善应急指挥体系、应急预案体系、应急资源体系、应急救援体系和紧急状态下的法律体系，并与公共卫生、自然灾害、社会安全事件应急体系进行有机衔接，以有效应对各类安全生产事故灾难，并为应对其他灾害提供有力的支持。

二、安全生产应急体系建设原则

1. 条块结合、以块为主

安全生产应急体系建设坚持属地为主的原则，重大事件的应急救援在当地政府的领导下进行。各地结合实际建立完善的生产安全事故应急体系，保证应急救援工作的需要。国家依托一些行业、地方和企业的骨干救援力量在一些危险性大的特殊行业或领域建立专业应急体系，对专业性较强、地方难以有效应对的特别重大事故（事件）提供应急救援支持和增援。

2. 统筹规划、合理布局

根据产业分布、危险源分布和有关交通地理条件，对应急体系的领导机构、救援队伍和应急救援的培训演练以及物资与装备等保障系统的布局、规模、功能等进行统筹规划，使各地、各领域以及我国安全生产应急体系的布局能够适应经济社会发展的要求。在一些危险性大、事故发生频率高的地区建立重点区域救援队伍。

3. 依托现有、整合资源

深入调查研究，摸清各级政府、部门和企事业单位现有的各种应急救援队伍、装备等资源状况。在盘活、整合现有资源的基础上补充和完善，建立有效的机制，做到资源共享，避免浪费资源、重复建设。

4. 一专多能、平战结合

要尽可能以现有的专业救援队伍为基础补充装备、扩展技能，建设一专多能的应急救援队伍；加强对企业的专职和兼职救援力量的培训，使其在紧急状态下能够及时有效地施救，做到平战结合。

5. 功能实用、技术先进

以能够及时、快速、高效地开展应急救援为出发点和落脚点，根据应急救援工作的现实和发展的需要设定应急救援信息网络系统的功能，采用国内外成熟的先进技术和特种装备，保证生产安全应急体系的先进性和适用性。

6. 整体设计、分步实施

根据规划和布局对生产安全应急体系的指挥机构、主要救援队伍、主要保障系统进行一次性总体设计，按轻重缓急排定建设顺序，有计划地分步实施，突出重点、注重实效。

三、安全生产应急体系结构

按照《全国安全生产应急救援体系总体规划方案》的要求，我国安全生产应急体系主要由组织体系、运行机制、支持保障系统以及法律法规体系等部分构成。

（1）组织体系是我国安全生产应急体系的基础，主要包括应急救援的领导决策层、管理与协调指挥系统、应急救援队伍及力量。

（2）运行机制是我国安全生产应急体系的重要保障，目标是实现统一领导、分级管理，条块结合、以块为主，分级响应、统一指挥，资源共享、协同作战，一专多能、专兼结合，防救结合、平战结合，以及动员公众参与，以切实加强安全生产应急体系内部的应急管理，明确和规范响应程序，保证应急体系运转高效、应急反应灵敏、取得良好的抢救效果。

（3）支持保障系统是安全生产应急体系的有机组成部分，是体系运转的物质条件和手段，主要包括通信信息系统、技术支持保障系统、物资与装备保障系统、培训演练系统等。

（4）法律法规体系是应急体系的法制基础和保障，也是开展各项应急活动的依据，与应急有关的法律法规主要包括立法机关通过的法律，政府和有关部门颁布的规章、规定，以及与应急救援活动直接有关的标准或管理办法等。

同时，应急体系还包括与其建设相关的资金、政策支持等，以保障应急体系建设和体系正常运行。

我国安全生产应急体系的结构如图6-1所示。

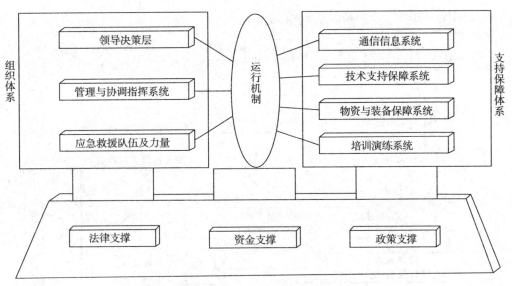

图6-1　我国安全生产应急体系结构示意图

第二节　安全生产应急组织体系

安全生产应急组织体系是安全生产应急体系的基础之一。根据《全国安全生产应急救援体系总体规划方案》的要求，通过建立和完善应急救援的领导决策层、管理与协调指挥系统、应急救援队伍及力量，形成完整的安全生产应急救援组织体系。

安全生产应急组织体系应设计为动态联动组织，以政府应急管理法律法规为基础，以各级应急救援指挥中心为核心，通过紧密的纵向与横向联系形成强大的应急组织网络。网络式组织以事故的类型和级别作为任务的结合点，常态下各联动单位根据本单位的职责对突发事故进行预测预控，非常态下快速响应。

在构建应急组织体系时，既要遵循"分级负责，属地管理"的基本原则，更要注重组织体系的完备性和本地区、外组织之间的协调性，从纵横两个角度分别构建应急组织体系的等级协调机制和无等级协调机制运作模式，形成"纵向一条线，横向一个面"的组织格局。其中，纵向角度主要是指以明确的上下级关系为核心，以行政机构为特点的命令式解决办法；横向角度主要是指以信息沟通为核心的解决办法，部门平等相待，无明确的上下级关系。

我国安全生产应急组织体系如图6-2所示。

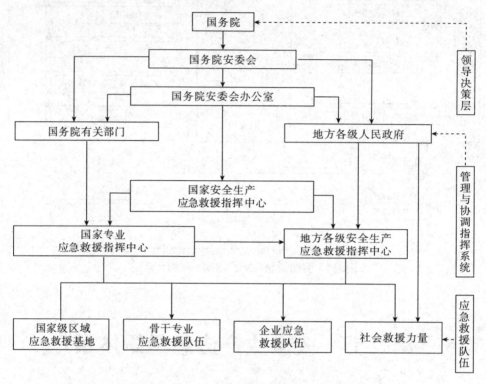

图6-2 我国安全生产应急组织体系示意图

一、领导机构

按照统一领导、分级管理的原则，我国安全生产应急救援领导决策层由国务院安全生产委员会(以下简称"国务院安委会")及其办公室、国务院有关部门、省人民政府、省安委会(省安全监督管理局)、地市地方人民政府组成。

1. 国务院安委会

国务院安委会统一领导我国安全生产应急救援工作，负责研究部署、指导协调我国安全生产应急救援工作；研究提出我国安全生产应急救援工作的重大方针政策；负责应急救援重大事项的决策，对涉及多个部门或领域、跨多个地区的影响特别恶劣事故灾难的应急救援实施协调指挥；必要时协调总参谋部和武警总部调集部队参加安全生产事故应急救援；建立与协调同自然灾害、公共卫生和社会安全突发事故应急救援机构之间的联系，并相互配合。

2. 国务院安委会办公室

国务院安委会办公室承办国务院安委会的具体事务，负责研究提出安全生产应急管理和应急救援工作的重大方针政策和措施；负责我国安全生产应急管理工作，统一规划我国安全生产应急救援体系建设，监督检查、指导协调国务院有关部门和各省(自治区、直辖市)人民政府安全生产应急管理和应急救援工作，协调指挥安全生产事故灾难应急救援；督促、检查安委会决定事项的贯彻落实情况。

3. 国务院有关部门

国务院有关部门在各自的职责范围内领导有关行业或领域的安全生产应急管理和应急救援工作，监督检查、指导协调有关行业或领域的安全生产应急救援工作，负责本部门所属的安全生产应急救援协调指挥机构、救援队伍的行政和业务管理，协调指挥本行业或领域应急救援队伍和资源参加重特大安全生产事故应急救援。

4. 省人民政府

省人民政府统一领导本省区域内安全生产应急救援工作，按照分级管理的原则统一指挥本省区域内安全生产事故应急救援。

5. 省安委会(省安全监督管理局)

省安委会(省安全监督管理局)组织本省安全生产应急救援预案的编制和安全生产应急体系建设，并指导、协调和组织实施；统一指挥、协调特大安全生产事故应急救援工作；分析预测特大事故风险，及时发布预警信息；负责省安全生产专家组工作。

6. 地市地方人民政府

地市地方人民政府统一领导本地区内安全生产应急救援工作，按照分级管理的原则统一指挥本地区内安全生产事故应急救援。

二、管理部门

我国安全生产应急管理与协调指挥系统由国家安全生产应急救援指挥中心、有关专业安全生产应急管理与协调指挥机构以及地方各级安全生产应急管理与协调指挥机构组成，如图6-3所示。

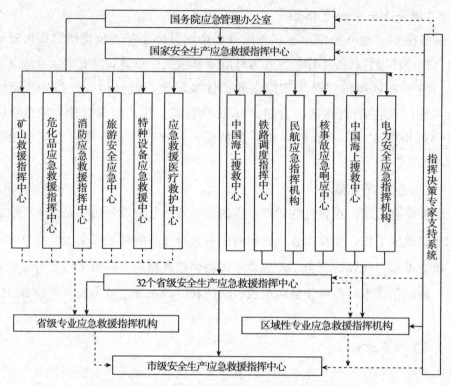

图6-3 我国安全生产应急管理与协调指挥系统示意图

1. 国务院应急管理办公室

作为承担国务院应急管理的日常工作和国务院总值班工作的机构，国务院应急管理办公室在应急管理与协调指挥系统中发挥着重要作用。国务院应急管理办公室作为国务院应对各类突发公共事件的综合协调机构，其主要职责有以下方面：

（1）承担国务院总值班工作，及时掌握和报告国内外相关重大情况和动态，办理向国务院报送的紧急重要事项，保证国务院与各省(自治区、直辖市)人民政府、国务院各部门联络畅通，指导我国政府系统值班工作。

（2）负责协调和督促检查各省(自治区、直辖市)人民政府、国务院各部门应急管理工作，协调、组织有关方面研究提出的国家应急管理政策、法规和规划建议。

（3）负责组织编制国家突发公共事件总体应急预案和审核专项应急预案，协调指导应急预案体系和应急体制、机制、法治建设，指导各省(自治区、直辖市)人民政府、国务院有关部门应急体系、应急信息平台建设等工作。

（4）协助国务院领导处置特别重大突发公共事件，协调指导特别重大和重大突发公共事件的预防预警、应急演练、应急处置、调查评估、信息发布、应急保障、国际救援等工作。

（5）组织开展信息调研和宣传培训工作，协调应急管理方面的国际交流与合作。

2. 国家安全生产应急救援指挥中心

根据中央机构编制委员会的有关文件规定，国家安全生产应急救援指挥中心是由国务院安全生产委员会办公室领导、国家安全生产监督管理总局管理的事业单位，履行我国安全生产应急救援综合监督管理的行政职能，按照国家突发安全生产事故应急预案的规定，协调、指挥安全生产事故灾难应急救援工作。其主要职责有以下方面：

（1）参与拟定、修订我国安全生产应急救援方面的法律法规和规章，制定国家安全生产应急救援管理制度和有关规定，并负责组织实施。

（2）负责我国安全生产应急救援体系建设，指导、协调地方及有关部门安全生产应急救援工作。

（3）组织编制和综合管理我国安全生产应急救援预案。对地方及有关部门安全生产应急预案的实施进行综合监督管理。

（4）负责我国安全生产应急救援资源综合监督管理和信息统计工作，建立我国安全生产应急救援信息数据库，统一规划我国安全生产应急救援通信信息网络。

（5）负责我国安全生产应急救援重大信息的接收、处理和上报工作；负责分析重大危险源监控信息并预测特别重大事故风险，及时提出预警信息。

（6）指导、协调特别重大安全生产事故灾难的应急救援工作；根据地方或部门应急救援指挥机构的要求，调集有关应急救援力量和资源参加事故抢救；根据法律法规的规定或国务院授权组织指挥应急救援工作。

（7）组织、指导我国安全生产应急救援培训工作；组织、指导安全生产应急救援训练、演练；协调指导有关部门依法对安全生产应急救援队伍实施资质管理和救援能力评估工作。

（8）负责安全生产应急救援科技创新、成果推广工作；参与安全生产应急救援国际合作与交流。

（9）负责国家投资形成的安全生产应急救援资产的监督管理，组织对安全生产应急救援项目投入资产的清理和核定工作。

（10）完成国务院安委会办公室交办的其他事项。

另外，根据中央机构编制委员会的文件规定，国家安全生产应急救援指挥中心经授权履行安全生产应急救援综合监督管理和应急救援协调指挥职责。

各省(自治区、直辖市)建立的安全生产应急救援指挥中心，在本省(自治区、直辖市)人民政府及其安委会领导下负责本地安全生产应急管理和事故灾难应急救援协调指挥工作。

各省(自治区、直辖市)根据本地实际情况和安全生产应急救援工作的需要，建立有关专业安全生产应急管理与协调指挥机构，或依托国务院有关部门设立在本地的区域性专业应急管理与协调指挥机构，负责本地相关行业或领域的安全生产应急管理与协调指挥工作。

在我国各市(地)规划建立市(地)级安全生产应急管理与协调指挥机构，在当地政府的领导下负责本地安全生产应急救援工作，并与省级专业应急救援指挥机构和区域性专业应急救援指挥机构相协调，组织指挥本地安全生产事故的应急救援。

市(地)级专业安全生产应急管理与协调指挥机构的设立，以及县级地方政府安全生产应急管理与协调指挥机构的设立，由各地根据实际情况确定。

三、职能部门

依托国务院有关部门现有的应急救援调度指挥系统，建立完善矿山、危险化学品、消防、铁路、民航、核工业、海上搜救、电力、旅游、特种设备十个国家级专业安全生产应急管理与协调指挥机构，负责本行业或领域安全生产应急管理工作，负责相应的国家专项应急预案的组织实施，调动指挥所属应急救援队伍和资源参加事故抢救。依托国家矿山医疗救护中心建立国家安全生产应急救援医疗救护中心，负责组织协调我国安全生产应急救援医疗救护工作，组织协调我国有关专业医疗机构和各类事故灾难医疗救治专家进行应急救援医疗抢救。

各省(自治区、直辖市)根据本地安全生产应急救援工作的特点和需要，建立的矿山、危险化学品、消防、旅游、特种设备等专业安全生产应急管理与协调指挥机构，是本省(自治区、直辖市)安全生产应急管理与协调指挥系统的组成部分，也是相应的专业安全生产应急管理与协调指挥系统的组成部分，同时接受相应的国家级专业安全生产应急管理与协调指挥机构的指导。

国务院有关部门根据本行业或领域安全生产应急救援工作的特点和需要，建立海上搜救、铁路、民航、核工业、电力等区域性专业应急管理与协调指挥机构，是本行业或领域专业安全生产应急管理与协调指挥系统的组成部分，同时接受所在省(自治区、直辖市)安全生产应急管理与协调指挥机构的指导，也是所在省(自治区、直辖市)安全生产应急救援管理与协调指挥系统的组成部分。

（1）矿山和危险化学品事故应急管理与协调指挥系统由国家安全生产应急救援指挥中心和各省(自治区、直辖市)安全生产监督管理部门建立的安全生产应急救援指挥机构、市(地)及重点县(市、区)安全生产应急救援指挥机构组成。

（2）消防应急管理与协调指挥系统由公安部设立的国家消防应急救援指挥中心和县级以上地方人民政府公安部门设立的消防应急救援指挥机构共同构成。

（3）铁路事故应急管理与协调指挥系统由铁道部设立的国家铁路调度指挥中心和各铁路局、铁路分局、铁路沿线站段的铁路行车调度机构构成。

（4）国家民航总局设立的国家民航应急救援指挥机构，北京、上海、广州、成都、沈阳、西安和乌鲁木齐7个地区民航管理局设立的区域搜寻救援协调中心，以及我国各机场设立的应急救援指挥中心，形成我国民航三级搜寻救援管理与协调指挥系统。

（5）国防科工委设立的国家核事故应急响应中心，广东、浙江、江苏三个核电厂所在省和北京、四川、甘肃、内蒙古、辽宁、陕西六个核设施集中的省(自治区、直辖市)建立的核事故应急指挥中心，核电厂营运单位设立的核事故应急响应中心，构成三级核事故应急管理与协调指挥系统。

（6）交通部设立的中国海上搜救指挥中心，辽宁、河北、天津、山东、江苏、上海、浙江、福建、广东、广西、海南十一个沿海省(自治区、直辖市)设立的区域海上搜救指挥中心和在武汉设立的长江水上搜救指挥中心，形成我国水上搜救管理与协调指挥系统。

（7）国家电力监管委员会设立电力安全应急救援指挥机构，在电网企业和各级电力调度机构的基础上建立我国电力安全应急管理与协调指挥组织体系。

（8）国家旅游局建立中国旅游应急救援指挥中心，各省(自治区、直辖市)设立省级旅游应急救援中心，194个优秀旅游城市设立旅游应急救援中心，形成我国旅游安全应急管理与协调指挥系统。

（9）国家质检总局建立特种设备应急管理与协调指挥机构，与地方各级质检部门的应急管理与协调指挥机构、监测检验机构构成我国特种设备事故应急管理与协调指挥系统，与国家安全生产应急救援指挥中心建立通信信息网络联系，实现应急救援信息共享、统一协调指挥。

(10)国家安全生产监督管理总局在国家矿山医疗救护中心的基础上设立国家安全生产应急救援医疗救护中心，依托各省级卫生部门的医疗救治中心和特殊行业(领域)的安全生产应急救援医疗救护中心，形成我国安全生产应急救援医疗救护管理与协调调度系统，掌握和协调专业的医疗救护资源，配合安全生产应急救援开展现场急救。它既是我国安全生产应急体系的组成部分，也是我国医疗卫生救治体系中的一个专业医疗救护体系，接受卫生部的指导。

四、救援队伍

根据矿山、石油化工、铁路、民航、核工业、水上交通、旅游等行业或领域的特点、危险源分布情况，通过整合资源、调整区域布局、补充人员和装备，形成以企业应急救援队伍为基础，以国家级区域专业应急救援基地和地方骨干专业应急救援队伍为中坚力量，以应急救援志愿者等社会救援力量为补充的安全生产应急救援队伍体系。

我国安全生产应急救援队伍体系主要包括四个方面。

（1）国家级区域应急救援基地。依托国务院有关部门和有关大中型企业现有的专业应急救援队伍进行重点加强和完善，建立国家安全生产应急救援指挥中心管理指挥的国家级综合性区域应急救援基地、国家级专业应急救援指挥中心管理指挥的专业区域应急救援基地，保证特别重大安全生产事故灾难应急救援和实施跨省(自治区、直辖市)应急救援的需要。

（2）地区骨干专业应急救援队伍。根据有关行业或领域安全生产应急救援需要，依托有关企业现有的专业应急救援队伍进行加强、补充、提高，形成地区骨干专业应急救援队伍，保证本行业或领域重特大事故应急救援和跨地区实施救援的需要。

（3）企业应急救援队伍。各类企业严格按照有关法律、法规的规定和标准建立专业应急救援队伍，或按规定与有关专业救援队伍签订救援服务协议，以保证企业的自救能力。鼓励企业应急救援队伍扩展专业领域，向周边企业和社会提供救援服务。企业应急救援队伍是安全生产应急救援队伍体系的基础。

（4）社会救援力量。引导、鼓励、扶持社区建立由居民组成的应急救援组织和志愿者队伍，事故发生后能够立即开展自救、互救，协助专业救援队伍开展救援；鼓励各种社会组织建立应急救援队伍，按市场运作的方式参加安全生产应急救援，作为安全生产应急救援队伍的补充。

矿山、危化、电力、特种设备等行业或领域的事故灾难，应充分发挥本行业或领域的专家作用，依靠相关专业救援队伍、企业救援队伍和社会救援力量开展应急救援。通过事故所属专业安全生产应急管理与协调指挥机构同相关安全生产应急管理与协调指挥机构建立的业务和通信信息网络联系，调集相关专业队伍实施救援。

各级各类应急救援队伍承担所属企业(单位)以及有关管理部门划定区域内的安全生产事故灾难应急救援工作，并接受当地政府和上级安全生产应急管理与协调指挥机构的协调指挥。

五、民间组织及志愿者

民间组织及志愿者是非政府组织的一种。非政府组织一般指除政府组织之外的所有社会组织，其相近的名称有第三部门、非营利组织等。这就是说，在实际使用这一概念时，并没有把营利组织包括在内，对非政府组织的定义也不统一。有的把任何民间组织，只要其目的是扶贫济困、维护穷人利益，保护环境，提供基本社会服务，或促进社会发展的组织都定义为非政府组织；有的认为非政府组织就是非营利组织；有的认为非政府组织是以促进发展为目的的非营利组织。无论如何定义，其基本的取舍标准是不带有政治色彩，并且具有公益性。

民间组织及志愿者是社会力量的一部分。当今社会发展的一个明显趋势是社会自治程度日益提高，体现社会自治的标志之一就是市民社会与各种非政府组织的发展。志愿者作为其中的一种典型的组织形式，在突发事件的应急处置过程中发挥着日益重要的作用。

在西方国家，组织与发动各种类型的志愿者参与突发事件的应急处置，已经成为发动群众与人力资源组织方面的一大特色，在官方的有关文件中也把其作为一个重要的组成部分。"9·11"恐怖袭击事件发生之后，美国公众和卫生服务部门向全国发出救灾动员令，很快就有7 000多名医疗工作者和80多支受过专门训练的城市救灾队伍参加应急处置工作。在洛克比空难的应急过程中，大约有40个志愿者组织参加了应急救援行动，其中包括妇女皇家服务组织、教会与慈善组织、红十字会组织与无线电爱好者组织等。2002年10月12日印尼巴厘岛遭到爆炸袭击之后，许多志愿者自发组织起来传递信息，送水与食物，献血，照顾伤员，其中由中国人组织的华人百家姓协会特别引人注目。志愿者的主动参与，不仅有效地缓解了政府资源不足的问题，而且对于减少损失、弘扬人道主义精神，都起到了重要的作用。

目前，我国在民间组织及志愿者参与突发事件应急处置工作方面还处于起步阶段。在汶川地震的应急救援中，民间组织及志愿者组织的作用初见成效。作为一种发展趋势，志愿应急队伍参与突发事件应急处置需要建立完善的志愿者组织、管理和培训制度，使他们在危机应对中发挥更大的作用，并充分保障自身的安全。

在志愿应急队伍建设中，要充分发挥共青团、红十字会、行业协会、民间组织、青年志愿者协会的作用，加强应急志愿者队伍的招募选拔、组织管理、教育培训和应急演练。通过建立政府支持、项目化管理、社会化运作的应急志愿者服务机制，为志愿应急队伍的物资装备、工作经费、人身保险提供保障。

具有应急管理职能的相关部门，要根据本领域的实际需要，发挥各自优势，组织具有相关专业知识和技能的人员建立各类志愿者队伍，协助开展应急救援工作。应急志愿者组建单位要建立志愿者信息库，并加强对志愿者的培训和管理。乡镇人民政府(街道办事处)要鼓励、引导现有各类志愿者组织在工作范围内充实和加强应急志愿服务内容，支持民间组织建立自筹资金、自我管理、自我发展的应急志愿者队伍或组织，畅通社会各界力量参与应急志愿服务的渠道。此外，还应采取各种方式，积极鼓励应急志愿者投身应急管理科普宣教、应急救援和恢复重建等工作。

第三节　安全生产应急体系运行机制

安全生产应急体系运行机制是应急工作成功的关键，应急机制始终贯穿于应急准备、初级反应、扩大应急、应急恢复等应急活动中。在涉及应急救援的众多运行机制中，最关键的是统一指挥、分级响应、属地为主和公众动员机制。

统一指挥是应急指挥的最基本原则。应急指挥一般可分为几种形式，如集中指挥与现场指挥，或场外指挥与场内指挥等，但无论采用哪一种指挥形式都必须实行统一指挥的模式。尽管应急救援活动涉及单位的行政级别高低和隶属关系不同，但都必须在应急指挥部的统一组织协调下行动，有令则行，有禁则止，统一号令，步调一致。

分级响应是指在初级反映到扩大应急的过程中实行分级响应的机制。扩大或提高应急级别的主要依据是事故灾难的危害程度、影响范围和控制事态能力，而控制事态能力是升级的最基本条件。扩大应急救援主要是提高指挥级别，扩大应急范围等。

属地为主是强调"第一反应"的思想和以现场应急指挥为主的原则。在国家的整个应急体系中，地方政府和地方应急力量是开展事故应急救援工作的主要生力军，地方政府应充分调动地方的应急资源和力量开展应急救援工作。现场指挥以地方政府为主，部门和专家参与，充分发挥企业的自救作用。

公众动员机制是应急机制的基础，也是整个应急体系的基础，是指在应急体系的建立及应急救援过程中要充分考虑并依靠民间组织、社会团体以及个人的力量，营造良好的社会氛围，使公众都参与到救援过程中，人人都成为救援体系的一部分。当然，这并不是要求公众承担事故救援的任务，而是希望充分发挥社会力量的基础性作用，建立健全组织和动员人民群众参与应对事故灾难的有效机制，增强公众的防灾减灾意识，在条件允许的情况下发挥其应有的作用。

一、日常管理机制

1. 行政管理

国家安全生产应急救援指挥中心在国务院安委会及其办公室的领导下，负责综合监督管理我国安全生产应急救援工作。各地安全生产应急管理与协调指挥机构在当地政府的领导下负责综合监督管理本地安全生产应急救援工作。各专业安全生产应急管理与协调指挥机构在所属部门领导下负责监督管理本行业或领域的安全生产应急救援工作。各级、各专业安全生产应急管理与协调指挥机构的应急准备、预案制定、培训、演练等救援工作接受上级应急管理与协调指挥机构的监督检查和指导，应急救援时服从上级应急管理与协调指挥机构的协调指挥。

各地、各专业安全生产应急管理与协调指挥机构、队伍的行政隶属关系和资产关系不变，由其设立部门（单位）负责管理。

2. 信息管理

为使各级安全生产应急管理与协调指挥机构以及安全生产应急救援队伍以规范的信息格式、内容、时间、渠道进行信息传递，国家安全生产应急救援指挥中心建立了我国安全生产应急救援通信信息网络，统一了信息标准和数据平台，以实现资源共享和及时有效的监督管理。

应急救援队伍的有关应急救援资源信息(人员、装备、预案、危险源监控情况以及地理信息等)要及时上报所属安全生产应急管理与协调指挥机构，发生变化要及时更新；下级安全生产应急管理与协调指挥机构掌握的有关应急救援资源信息要报上一级安全生产应急管理与协调指挥机构；国务院有关部门的专业安全生产应急救援指挥中心和各省(自治区、直辖市)安全生产应急救援指挥中心掌握的有关应急救援资源信息要报国家安全生产应急救援指挥中心；国家安全生产应急救援指挥中心、国务院有关部门的专业安全生产应急救援指挥中心和地方各级安全生产应急管理与协调指挥机构之间必须保证信息畅通，并保证各自所掌握的应急救援队伍、装备、物资、预案、专家、技术等信息要能够互相调阅，实现信息共享，为应急救援、监督检查和科学决策创造条件。

3. 预案管理

生产经营单位应当结合实际制定本单位的安全生产应急预案，各级人民政府及有关部门应针对本地、本部门的实际编制安全生产应急预案。生产经营单位的安全生产应急预案报当地的安全生产应急管理与协调指挥机构备案；各级政府所属部门制定的安全生产应急预案报同级政府安全生产应急管理与协调指挥机构，同时报上一级专业安全生产应急管理与协调指挥机构备案；各级地方政府的安全生产应急预案报上一级政府安全生产应急管理与协调指挥机构备案。各级、各专业安全生产应急管理与协调指挥机构对备案的安全生产应急预案进行审查，对预案的实施条件、可操作性、与相关预案的衔接、执行情况、维护、更新等进行监督检查。建立应急预案数据库，上级安全生产应急管理与协调指挥机构可以通过通信信息系统查阅。

各级安全生产应急管理与协调指挥机构负责按照有关应急预案组织实施应急救援。

4. 队伍管理

国家安全生产应急救援指挥中心和国务院有关部门的专业安全生产应急救援指挥中心制定行业或领域各类企业安全生产应急救援队伍配备标准，对危险行业或领域的专业应急救援队伍实行资质管理，确保应急救援安全有效地进行。有关企业应当依法按照标准建立应急救援队伍，按标准配备装备，并负责所属应急队伍的行政、业务管理，接受当地政府安全生产应急管理与协调指挥机构的检查和指导。省级安全生产骨干专业应急救援队伍接受省级政府安全生产应急管理与协调指挥机构的检查和指导。国家级区域安全生产应急救援基地接受国家安全生产应急救援指挥中心和国务院有关部门的专业安全生产应急管理与协调指挥机构的检查和指导。

各级、各专业安全生产应急管理与协调指挥机构有计划地组织所属应急救援队伍在其所负责的区域进行预防性检查和针对性训练，保证应急救援队伍熟悉所负责的区域的安全生产环境和条件，既体现预防为主的原则，又为事故发生时开展救援做好准备，提高应急救援队伍的战斗力，保证应急救援顺利有效地进行。加强对企业的兼职救援队伍的培训，使其在平时从事生产活动，在紧急状态下能够及时有效地施救，做到平战结合。

国家安全生产应急救援指挥中心、国家级专业安全生产应急救援指挥中心和省级安全生产应急救援指挥中心根据应急准备检查和应急救援演习的情况对各级、各类应急救援队伍的能力进行评估。

二、预测预警机制

预测预警机制是指根据有关事故的预测信息和风险评估结果，依据事故可能造成的危害程度、紧急程度和发展态势，确定相应预警级别，标示预警颜色，并向社会发布相关信息的机制。预测预警机制是在突发安全生产事故实际发生之前对事件的预报、预测及提供预先处理操作的重要机制，主要包括以下内容：

（1）对预警范围的确定。需要严格规定监控的时间范围、空间范围和对象范围。

（2）预警级别的设定及表达方法的规定。

（3）紧急通报的次序、范围和方式。明确规定一旦发生突发安全生产事故，第一时间以及之后应按顺序通知哪些机构、人员，以何种方式通知。

（4）突发安全生产事故范畴与领域预判。对突发安全生产事故涉及的范畴和领域进行预判，初步对突发安全生产事故给出一个类别和级别，以匹配应对预案。

我国突发安全生产事故的预警级别分为一至四级，分别用红色、橙色、黄色和蓝色标示，一级为最高级别。预警级别的确定往往是预测性的，一般是突发安全生产事故还处于未然状态，而突发安全生产事故的分级则是确定的，是基于突发安全生产事故已然状态的划分。预警级别和实际发生的突发安全生产事故的应急响应级别分级不一定一致，需要负责统一领导或者处置的人民政府根据实际情况及时调整和确定。同时，确定预警级别的要素主要是突发安全生产事故的紧急程度、发展态势和可能造成的危害程度，而突发安全生产事故的分级主要是按照社会危害程度、影响范围来划分。

1. 信息监测

加强监测制度建设，建立健全监测网络和体系，是提高政府信息收集能力，及时做好突发安全生产事故预警工作，有效预防、减少事故的发生，控制、减轻、消除突发安全生产事故引发的严重社会危害的基础。

（1）根据事故的种类和特点，建立健全基础信息库。所谓突发安全生产事故基础信息库，是指应对突发安全生产事故所必备的有关危险源、风险隐患、应急资源(物资储备、设备及应急救援队伍)、应急避难场所(分布、疏散路线、容纳能量等)、应急专家咨询、应急预案、突发安全生产事故案例等基础信息的数据库。建立完备、可共享的基础信息库是应急管理、监控和辅助决策必不可少的支柱。目前，我国突发安全生产事故的基础信息调查还比较薄弱，信息不完整、"家底"不清现象还普遍存在，信息分割现象还比较严重。建立健全基础信息库，要求各级政府开展各类风险隐患、风险源、应急资源分布情况的调查并登记建档，为各类突发安全生产事故的监测预警和隐患治理提供基础信息。要统一数据库建设标准，实现基础信息的整合和资源共享，提高信息的使用效率。

（2）完善监测网络，划分监测区域，确定监测点，明确监测项目，提供必要的设备、设施，配备专职或者兼职人员，对可能发生的突发安全生产事故进行监测，这是对监测网络系统建设的规定。此外还应建立危险源、危险区域的实时监控系统和危险品跨区域流动动态监控系统，加强监测设施、设备建设，配备专职或者兼职的监测人员。

2. 信息发布

信息发布是应急管理的关键步骤之一，全面、准确地收集、传递、处理和发布突发安全生产事故预警信息，一方面有利于应急处置机构对事态发展进行科学分析和最终做出准确判断，从而采取有效措施将危机消灭在萌芽状态，或者为突发安全生产事故发生后具体应急工作的展开赢得宝贵的准备时间；另一方面有利于社会公众知晓突发安全生产事故的发展态势，以便及时采取有效防护措施避免损失，并做好有关自救、他救准备。

突发安全生产事故预警信息的发布、报告和通报工作，是建立健全突发安全生产事故预警机制的关键性环节。一般来说，建立完整的突发安全生产事故预警信息制度，主要包括以下内容：

（1）建立完善的信息监控制度。有关政府要针对各种可能发生的突发安全生产事故，不断完善监控方法和程序，建立完善事故隐患和危险源监控制度，并及时维护更新，确保监控质量。

（2）建立健全信息报告制度。一方面要加强地方各级政府与上级政府、当地驻军、相邻地区政府的信息报告、通报工作，使危机信息能够在有效时间内传递到行政组织内部的相应层级，有效发挥应急预警的作用；另一方面要拓宽信息报告渠道，建立社会公众信息报告和举报制度，鼓励任何单位和个人向政府及其有关部门报告危机事件隐患。同时要不断尝试新的社会公众信息反映渠道，如在网络和手机普及的情况下，开通网上论坛，设立专门的接待日、民情热线、直通有关领导的紧急事件专线连接等。

（3）建立严格的信息发布制度。一方面要完善预警信息发布标准，对可能发生和可以预警的突发安全生产事故要进行预警，规范预警标识，制定相应的发布标准，同时明确规定相关政府、主要负责单位、协作单位应当履行的职责和义务；另一方面要建立广泛的预警信息发布渠道，充分利用广播、电视、报纸、电话、手机短信、街区显示屏、互联网等多种形式发布预警信息，确保广大人民群众在第一时间掌握预警信息，使他们有机会采取有效防范措施，达到减少人员伤亡和财产损失的目的。同时还要确定预警信息的发布主体，信息的发布要有权威性和连续性，这是由危机事件发展的动态性特点决定的。作为预警信息发布主体的有关政府要及时发布、更新有关危机事件的新信息，让公众随时了解事态的发展变化，以便主动参与和配合政府的应急管理。因此，可以预警的突发安全生产事故即将发生或者发生的可能性增大时，有关政府应当依法发布相应级别的警报，决定并宣布有关地区进入预警期，同时向上一级政府、当地驻军和可能受到危害的毗邻或者相关地区的政府报告或通报。

3. 三、四级预警措施

三、四级预警是比较低的预警级别。发布三、四级预警后，预警工作的作用主要是及时、全面地收集、交流有关突发安全生产事故的信息，并在组织综合评估和分析判断的基础上，对突发安全生产事故可能出现的趋势和问题，由政府及其有关部门发布警报，决定和宣布进入预警期，并及时采取相应的预警措施，有效消除产生突发安全生产事故的各种因素，尽量避免突发安全生产事故的发生。

发布三、四级警报后，政府主要采取的是一些预防、警示和劝导性措施，目的在于尽可能避免突发安全生产事故的发生，或者是提前做好充分准备，将损失减至最小。三、四级预警期间政府可以采取的预防、警示和劝导性措施主要包括以下几项：

（1）立即启动应急预案。"凡事预则立、不预则废。"各国应急法制都比较重视应急预案制度的建立，即在平常时期就进行应急制度设计，规定一旦出现危急状态，政府和全社会如何共同协作，共同应对危险局势。完善的应急管理预案以及其他各项预备、预警准备工作，有利于政府依法采取各项应对措施，从而最大限度地减少各类危急状态所造成的损失。

（2）要求政府有关部门、专业机构和负有特定职责的人员注意随时收集、报告有关信息，加强对突发安全生产事故发生、发展情况的监测和预报工作。信息的收集、监测和预报工作有利于有关机构和人员根据突发安全生产事故发生、发展的情况，制订监测计划，科学分析、综合评价监测数据，并对早期发现的潜在隐患以及突发安全生产事故可能发生的时间、危害程度、发展态势，依照规定的程序和时限及时上报，为应急处置工作提供依据。

（3）组织有关业务主管部门和专业机构工作人员、有关专家学者，随时对获取的有关信息进行分析、评估，预测突发安全生产事故发生的可能性、影响范围和强度。对即将发生的突发安全生产事故的信息的分析和评估，有利于有关部门和应急处理技术机构准确掌握危机事件的客观规律，并为突发安全生产事故的分级和应急处理工作方案提供可靠依据。

（4）定时向社会发布有关突发安全生产事故发展情况的信息和政府的分析评估结果，并加强对相关信息报道的管理。发布预报和预警信息是政府的一种权力，也是它的一项主要责任。一方面，基于突发安全生产事故的紧迫性和对人民生命财产的重大影响性，及时、准确的灾害预报、预警信息往往能成为挽救人民生命财产的有效保障，这也是满足公民知情权的需要。另一方面，我国目前已经初步建立了预报、预警信息发布机制和体系，但是缺乏明确的问责规定，不能充分遏制有关机构和人员在灾害预报、预警工作中不依法及时发布预报、预警信息的现象，因此还应当加强对相关信息报道的管理。

（5）及时向社会发布可能受到突发安全生产事故危害的警告，宣传应急和防止、减轻危害的常识。突发安全生产事故的来临和可能造成的危害一般都有一定的可预见性，因此充分向社会发布相关警告，宣传应急和防止、减轻危害的常识，有利于社会各方面做好预备工作，正确处理危机，稳定社会秩序，尽可能减少损失。

4. 一、二级预警措施

发布一、二级预警后，政府的应对措施主要是对即将面临的灾害、威胁、风险等做好早期应急准备，并实施具体的防范性、保护性措施，如预案实施、紧急防护、工程治理、搬迁撤离以及调用物资、设备、人员和占用场地等。

一、二级预警相对于三、四级预警而言级别更高，突发安全生产事故即将发生的时间更为紧迫，事件已经一触即发，人民生命财产安全即将面临威胁。因此，有关政府除了继续采取三、四级预警期间的措施外，还应当及时采取有关先期应急处置措施，努力做好应急准备，避免或减少人员伤亡和财产损失，尽量减少突发安全生产事故所造成的不利影响，并防止其演变为重大事件。发布一、二级预警后，政府主要采取的是一些防范、部署、保护性的措施，目的在于选择、确定切实有效的对策，做出有针对性的部署安排，采取必要的前期措施，及时应对即将到来的危机，并保障有关人员、财产、场所的安全。一、二级预警期间政府可以采取的应对措施包括以下内容：

（1）要求有关应急救援队伍、负有特定职责的人员进入待命状态，动员后备人员做好参加应急救援工作的准备工作。

（2）调集应急所需物资、设备、设施、工具，准备应急所需场所，并检查其是否处于良好状况、能否投入正常使用；采取必要措施，加强对核心机关、要害部门、重要基础设施、生命线工程等的安全防护。

（3）向其他地方人民政府预先发出提供支援的请求。

（4）根据可能发生的突发安全生产事故的性质、严重程度、影响大小等因素，制定具体的应急方案。

（5）及时关闭有关场所，转移有关人员、财产，尽量减少损失；及时向社会发布采取特定措施防止、避免或者减轻损害的建议、劝告或者指示等。

5. 预警的调整和解除

突发安全生产事故具有不可预测性，当紧急情势发生转变时，行政机关的应对行为应当适时做出调整并让公众知晓，这不仅是应对突发安全生产事故的需要，也是降低危机管理成本、保护行政相对人权益的措施之一。任何突发安全生产事故的应对，不能只考虑行政机关控制和消除紧急危险的应对需求和应对能力，更重要的着眼点在于如何避免行政紧急权力对现存国家体制、法律制度和公民权利的消极影响。行政紧急权力的设计和使用应当受到有效性和正当性两方面的制约，离开具体应急情形的改变而一成不变地采取应急措施，既不能有效地应对危急，还会增大滥用行政紧急权力的可能性。因此，有关应对机关应当根据危急状态的发展态势分别规定相应的应对措施，并根据事件的发展变化情况进行适时的调整。

总的来说，在应急预警阶段，预警级别的确定、警报的宣布和解除、预警期的开始和终止、有关措施的采取和解除，都要与紧急危险等级及相应的紧急危险阶段保持一致。即使是具有极其严重社会危害的最高级别突发安全生产事故，也有不同的发展阶段，并不需要在每一个阶段都采取同样严厉的应对措施。因此，一旦突发安全生产事故的事态发展出现了变化，以及有事实证明不可能发生突发安全生产事故或者危险已经解除的，发布突发安全生产事故警报的人民政府应当适时调整预警级别并重新发布，同时立即宣布解除相应的预警警报或者终止预警期，解除已经采取的有关措施，这既是有效应对突发安全生产事故、提高行政机关应对能力的要求，也是维护应急法制原则和公民权利的需要。

三、应急响应机制

根据安全生产事故灾难的可控性、严重程度和影响范围，实行分级响应。我国安全生产应急救援接警响应程序如图6-4所示。

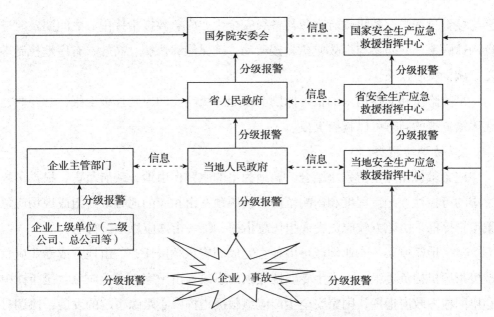

图6-4　我国安全生产应急救援接警响应程序

1. 报警与接警

重大以上安全生产事故发生后，企业首先组织实施救援，并按照分级响应的原则报企业上级单位、企业主管部门、当地政府有关部门以及当地安全生产应急救援指挥中心。企业上级单位接到事故报警后，应利用企业内部应急资源开展应急救援工作，同时向企业主管部门、政府部门报告事故情况。

当地(市、区、县)政府有关部门接到报警后，应立即组织当地应急救援队伍开展事故救援工作，并立即向省级政府部门报告。省级政府部门接到特大安全生产事故的险情报告后，应立即组织救援并上报国务院安委会办公室。

当地安全生产应急救援指挥中心(应急管理与协调指挥机构)接到报警后，应立即组织应急救援队伍开展事故救援工作，并立即向省级安全生产应急救援指挥中心报告。省级安全生产应急救援指挥中心接到特大安全生产事故的险情报告后，应立即组织救援并上报国家安全生产应急救援指挥中心和有关国家级专业应急救援指挥中心。国家安全生产应急救援指挥中心和国家级专业应急救援指挥中心接到事故险情报告后应通过智能接警系统立即响应，根据事故的性质、地点和规模，按照相关预案，通知相关的国家级专业应急救援指挥中心、相关专家和区域救援基地进入应急待命状态，开通信息网络系统，随时响应省级应急救援指挥中心发出的支援请求，建立并开通与事故现场的通信联络与图像实时传送。在报警与接警过程中，各级政府部门与各级安全生产应急救援指挥中心之间要及时进行沟通联系，共同参与事故应急救援活动，确保能够快速、高效、有序地控制事态，减少事故损失。

事故险情和支援请求的报告原则上按照分级响应的原则逐级上报，必要时，在逐级上报的同时可以越级上报。

2. 协调与指挥

应急救援指挥坚持条块结合、属地为主的原则，由地方政府负责，根据事故灾难的可控性、严重程度和影响范围，按照预案由相应的地方政府组成现场应急救援指挥部，由地方政府负责人担任总指挥，统一指挥应急救援行动。

某一地区或某一专业领域可以独立完成的应急救援任务，由地方或专业应急救援指挥机构负责组织；发生专业性较强的事故，由国家级专业应急救援指挥中心协同地方政府指挥，国家安全生产应急救援指挥中心跟踪事故的发展，协调有关资源配合救援；发生跨地区、跨领域的事故，国家安全生产应急救援指挥中心协调调度相关专业和地方应急管理与协调指挥机构调集相关专业应急救援队伍增援，现场的救援指挥仍由地方政府负责，有关专业应急救援指挥中心配合。

各级地方政府安全生产应急管理与协调指挥机构根据抢险救灾的需要有权调动辖区内的各类应急救援队伍实施救援，各类应急救援队伍必须服从指挥。需要调动辖区以外的应急救援队伍应报请上级安全生产应急管理与协调指挥机构协调。按照分级响应的原则，省级安全生产应急救援指挥中心响应后，调集、指挥辖区内各类相关应急救援队伍和资源开展救援工作，同时上报国家安全生产应急救援指挥中心并随时报告事态发展情况；专业安全生产应急救援指挥中心响应后，调集、指挥本专业安全生产应急救援队伍和资源开展救援工作，同时上报国家安全生产应急救援指挥中心并随时报告事态发展情况；国家安全生产应急救援指挥中心接到报告后进入戒备状态，跟踪事态发展，通知其他有关专业、地方安全生产应急救援指挥中心进入戒备状态，随时准备响应。根据应急救援的需要和请求，国家安全生产应急救援指挥中心协调指挥专业或地方安全生产应急救援指挥中心，调集、指挥有关专业和有关地方的安全生产应急救援队伍和资源进行增援。

涉及范围广、影响特别大的事故灾难的应急救援，经国务院授权由国家安全生产应急救援指挥中心协调指挥，必要时，由国务院安委会领导组织协调指挥。需要部队支援时，通过国务院安委会协调解放军总参作战部和武警总部调集部队参与应急救援。

四、信息发布机制

信息发布是指政府向社会公众传播公共信息的行为。突发安全生产事故的信息发布就是指由法定的行政机关依照法定程序将其在行使应急管理职能的过程中所获得或拥有的突发安全生产事故信息，以便于知晓的形式主动向社会公众公开的活动。信息发布的主体是法定行政机关，具体指由有关信息发布的法律、法规所规定的行政部门；信息发布的客体是广大的社会公众；信息发布的内容是有关突发安全生产事故的信息，主要指公共信息，涉及国家秘密、商业秘密和个人隐私的政府信息不在发布的内容之列；信息发布的形式是行政机关主动地向社会公众公开，而且以便于公众知晓的方式主动公开。

按照突发公共事件演进的顺序，应急管理由预防、准备、响应和恢复四个阶段组成。社会公众在不同阶段有不同的信息需求，信息发布应贯穿应急管理的全程。在预防和准备阶段，突发安全生产事故信息发布的内容包括与突发安全生产事故相关的法律、法规、政府规章、突发安全生产事故应急预案、预测预警信息等。这些信息发布的目的是：首先，让公众了解突发安全生产事故的相关法律、法规，明确自身在应急管理中的权利与义务；其次，让公众了解应急预案，知晓周围环境中的危险源、风险度、预防措施及自身在处置中的角色；最后，让社会公众接受预测预警信息，敦促其采取相应的措施，以避免或减轻突发安全生产事故可能造成的损失。在响应阶段，突发安全生产事故信息发布的内容包括：突发安全生产事故的性质、程度和范围，初步判明的原因，已经和正在采取的应对措施，事态发展趋势，受影响的群体及其行为建议等。这些信息发布的目的是：传递权威信息，避免流言、谣言引起社会恐慌；使社会公众掌握突发安全生产事故的情况，并采取一定的措施，避免出现更大的损失；让社会公众了解、监督政府在突发安全生产事故处置过程中的行为；便于应急管理社会动员的实施。在恢复阶段，突发安全生产事故信息发布的内容包括：突发安全生产事故处置的经验和教训，相关责任的调查处理，恢复重建的政策规划及执行情况，灾区损失的补偿政策与措施，防灾、减灾新举措等。这些信息发布的目的是：与社会公众一起，反思突发安全生产事故的教训，总结应急管理的经验，进而加强全社会的公共安全意识；接受社会公众监督，实现救灾款物分配、发放的透明化，并强化突发安全生产事故责任追究制度；吸纳社会公众，使其参与到灾后恢复重建活动之中。

突发安全生产事故信息发布的流程包括以下四个关键性的环节：

（1）收集、整理、分析、核实突发安全生产事故的相关信息，确保信息客观、准确与全面。

（2）根据舆情监控，确定信息发布的目的、内容、重点和时机。其中，有关行政机关要对拟发布的信息进行保密审查，剔除涉及国家秘密、商业秘密和个人隐私的内容或作一定的技术处理。

（3）确定信息发布的方式，并以适当的方式适时向社会公众发布。现代社会是信息社会，行政机关可以通过多种手段发布突发安全生产事故的信息，也可以根据需要选择一种或几种手段来完成信息发布的任务。在选择信息发布手段的过程中，行政机关应综合考虑突发安全生产事故的性质、严重程度、影响范围等情况，以及传播媒体的特点，目标受众的范围与接受心理等因素；以确保信息发布的有效性。突发安全生产事故信息发布的常用方式主要包括以下五种：

①发布政府公报。行政机关可以政府公报的形式，向社会公众正式发布有关突发安全生产事故应急管理的预案、通知、办法等。

②举行新闻发布会。新闻发布会一般是指政府或部门发言人举行的定期、不定期或临时的新闻发布活动。行政机关可以定期或不定期召开新闻发布会，通过新闻发言人向媒体发布突发安全生产事故与应急管理的相关信息，回答媒体的提问，解答社会公众所关心的热点问题。

③拟写新闻通稿。行政机关拟定关于突发安全生产事件的新闻稿件，并通过具有一定权威性的广播、电视、报纸等媒体进行发布。

④政府网站发布。行政机关利用受众广泛、传播迅速的政府网站发布信息，并与受众进行信息交流。

⑤发送宣传单，发送手机短信等。

（4）根据信息发布后的舆情，进行突发安全生产事故信息的后续发布或补充发布。

五、经费保障机制

安全生产应急救援工作属于公益性事业，关系到国家财产和人民生命安全，有关应急救援的经费按事权划分应由中央政府、地方政府、企业和社会保险共同承担。各级财政部门要按照现行事权、财权划分原则，分级负担预防与处置突发安全生产事件中需由政府负担的经费，并纳入本级财政年度预算；健全应急资金拨付制度，对规划布局内的重大建设项目给予重点支持；建立健全国家、地方、企业、社会相结合的应急保障资金投入机制，适应应急队伍、装备、交通、通信、物资储备等方面建设与更新维护资金的要求。

国家安全生产应急救援指挥中心和矿山、危险化学品、消防、民航、铁路、核工业、海上搜救、电力、特种设备、旅游、医疗救护等专业应急管理与协调指挥机构、事业单位的建设投资从国家正常基建或国债投资中解决，运行维护经费由中央财政负担，列入国家财政预算。

地方各级政府安全生产应急管理与协调指挥机构、事业单位的建设投资按照地方为主、国家适当补助的原则解决，其运行维护经费由地方财政负担，列入地方财政预算。

建立企业安全生产的长效投入机制，企业依法设立的应急救援机构及队伍的建设投资和运行维护经费原则上由企业自行解决；同时承担省内应急救援任务的队伍的建设投资和运行经费由省政府给予补助；同时承担跨省任务的区域应急救援队伍的建设投资和运行经费由中央财政给予补助。

积极探索应急救援社会化、市场化的途径，逐步建立和完善与应急救援经费相关的法律法规，制定相关政策，鼓励企业应急救援队伍向社会提供有偿服务，鼓励社会力量通过市场化运作建立应急救援队伍，为应急救援服务。逐步探索和建立安全生产应急体系，在应急救援过程中，各级应急管理与协调指挥机构调动的应急救援队伍和物资必须依法给予补偿，资金来源首先由事故责任单位承担，参加保险的由保险机构依照有关规定承担；按照以上方法无法解决的，由当地政府财政部门视具体情况给予一定的补助。政府采取强制性行为(如强制搬迁等)造成的损害，应给予补偿；政府征用个人或集体财物(如交通工具、救援装备等)，应给予补偿。

无过错的危险事故造成的损害，按照国家有关规定予以适当补偿。

第四节 安全生产应急体系支持保障系统

安全生产应急体系支持保障系统主要包括通信信息系统、技术支持保障系统、物资与装备保障系统、培训演练系统等。

一、通信信息系统

国家安全生产应急救援通信信息系统是国家安全生产应急体系的组成部分。是国家安全生产应急管理和应急救援指挥系统运行的基础平台。

安全生产应急救援通信信息系统是依托于国家安全生产信息系统网络和电信公网资源建立的。国家安全生产应急救援通信信息网络系统是一个覆盖全国的通信信息系统，实现国家安全生产应急救援指挥中心与国务院、国务院安委会成员单位、各专业安全生产应急管理与协调指挥机构、地方各级政府安全生产应急管理与协调指挥机构及区域性应急救援基地之间的信息传输和信息共享，实现端到端的数据通信，实现救援现场移动用户接入国家安全生产应急救援信息网。

国家安全生产应急救援通信信息系统主要包括国家安全生产应急救援通信系统、国家安全生产应急救援信息系统、省级安全生产应急救援通信系统、省级安全生产应急平台等。下面主要介绍前两种。

1. 国家安全生产应急救援通信系统

通信系统将国务院、国务院安委会各成员单位、国家安全生产应急救援指挥中心、各专业安全生产应急管理与协调指挥机构、省级安全生产应急管理与协调指挥机构和救援指挥现场的移动终端有机地连接起来，实现信息传输和信息共享，并能为各有关部门、企业及公众提供多种联网方式和服务。实现国家安全生产应急救援指挥中心与各级、各专业安全生产应急管理与协调指挥机构以及企业和事故现场进行数据(包括文字、声音、图像资料等)实时交换的功能在与不同层次用户进行数据交换时，实行分层管理，以保证数据的安全性和有效性。

2. 国家安全生产应急救援信息系统

国家安全生产应急救援信息系统是与国家安全生产信息系统资源共享的专业信息系统，依托国家安全生产信息系统，架构安全生产应急救援信息系统。国家

安全生产应急救援信息

（1）信息共享功能

建立统一数据交换平台的应急救援信息网络，实现国务院安委会各成员单位、国家安全生产应急救援指挥中心、各专业安全生产应急管理与协调指挥机构、省级安全生产应急管理与协调指挥机构及事故现场之间的信息资源共享。

（2）资源信息管理功能

对指挥机构及救援队伍的人员、设施、装备、物资以及专家等资源进行有效管理，并能随时掌握、调阅、检查这些资源的所处地点、数量、特征、性能、状态等信息和有关人员、队伍的培训、演练情况；对应急预案、重大危险源的信息、危险物品的理化性质、事故情况记录、办公文件等信息进行动态管理。

（3）信息传输和处理功能

自动接收事故报警信息，按照有关规定、程序自动向有关方面传输，实现视频、音频传输。

（4）实时交流功能

进行图像和声音实时传输，以便国务院安委会成员单位、国家安全生产应急救援指挥中心、专业安全生产应急管理与协调指挥机构、地方各级安全生产应急管理与协调指挥机构及事故现场之间及时、真实、直观地进行信息交流。

（5）决策支持功能

针对事故地点、类型和特点及时收集、整理、提供相关的预案、队伍、装备、物资、专家、技术等信息，输出备选处理方案，对事故现场有关数据进行模拟分析，为指挥决策提供快捷、有效的支持。

（6）安全保密功能

由于应急救援工作的特殊性，上述功能必须满足安全、保密的要求，保证数据运行不间断、不丢失、自动备份，病毒不侵入，信号不失真，信息不泄露，以及防止信息被干扰、阻塞和非法截取。

二、技术支持保障系统

技术支持保障系统是应急体系一个必不可少的组成部分，这是因为安全生产应急救援工作是一项非常专业化的工作，涉及的专业领域面比较宽，应急准备、现场救援决策、监测与后果评估以及现场恢复等各个方面都可能需要专家提供咨询和技术支持。

目前，我国应急救援工作的技术支持保障系统的构成现状是：国家安全生产应急救援指挥中心建立安全生产应急救援专家组，各级地方安全生产监督管理部门、煤矿安全监察机构及各级、各专业安全生产应急管理与协调指挥机构设立相应的安全生产应急救援专家组，为事故灾难应急救援提供技术咨询和决策支持。企业应根据自身应急救援工作需要，建立应急救援专家组。

同时，以国家安全生产技术支持保障体系和矿山、危险化学品、消防、交通、民航、铁路、核工业等行业或领域以及高校、部队的有关科研院所等为依托，建立各专业安全生产应急救援技术支持保障系统。针对安全生产应急救援工作的具体需求，开展应急救援重大装备和关键技术的研究与开发，重点针对矿井瓦斯爆炸、透水，危险化学品泄漏、爆炸，重大火灾等突发性灾害，开展事故灾难应急抢险、应急响应、应急信息共享与集成、人员定位和搜救、应急决策支持、社会救助、专业处置技术等应急救援技术与装备的研究与开发，增强应急救援能力，并在相关领域和地方开展应急救援技术推广示范。

三、物资与装备保障系统

各企业按照有关规定和标准针对本企业可能发生的事故特点在本企业内储备一定数量的应急物资，各级地方政府针对辖区内易发重特大事故的类型和分布，在指定的物资储备单位或物资生产、流通、使用企业和单位储备相应的应急物资，形成分层次、覆盖本区域各领域各类事故的应急救援物资保障系统，保证应急救援需要。

应急救援队伍根据专业和服务范围，按照有关规定和标准配备装备、器材；各地在指定应急救援基地、救援队伍或培训演练基地内储备必要的特种装备，保证本地应急救援特殊需要。

国家在国家安全生产应急救援培训演练基地、各专业安全生产应急救援培训演练中心和国家级区域性救援基地中储备一定数量的特种装备，特殊情况下对地方和企业提供支援。建立特种应急救援物资与装备储备数据库，各级、各专业安全生产应急管理与协调指挥机构可在业务范围内调用应急救援物资和特种装备实施支援。特殊情况下，依据有关法律、规定及时动员和征用社会相关物资。

同时，依托各级安全生产应急平台，统计构建安全生产信息资源数据库，按照条块结合、属地为主、充分集成的原则，依据"自建＋集成"的建设指导思想，通过以下四个途径进行物资与装备保障系统建设：

（1）围绕"安全生产应急救援指挥"的主题，针对直接指挥业务内容，结合平台应用功能需求，通过合理规划、设计，重点依靠自身力量建设应急专用数据库。

（2）依托各级安全生产信息管理系统进行项目的安全生产监督和管理信息库建设，充分利用现有安全生产行政管理业务数据，设计统一数据交换接口，实现跨平台数据互联互通。

（3）集成各级政府应急平台和各地市应急基础信息资源，建立与政府其他部门纵向数据交换机制，构建应急基础数据库。

（4）制定企业安全生产应急救援信息上传下达统一标准，动态集成各个企业的安全生产应急管理相关信息。集成方式有以下两种：

①收集、储存和管理管辖范围内与安全生产应急救援有关的信息和静态、动态数据，建设满足应急救援和管理要求的安全生产综合共用基础数据库和安全生产应急救援指挥应用系统的专用数据库。建设要遵循组织合理、结构清晰、冗余度低、便于操作、易于维护、安全可靠、扩充性好的原则。

②建立纵向、横向与各级、各有关部门和各个安全生产应急管理与协调指挥机构之间的数据共享机制，充分考虑到数据互联互通和信息资源整合。纵向设计统一数据交换接口，与国家局、省政府应急办、地市局、区县局、监控企业互联，横向与其他专业指挥部门或机构连接，形成纵横交织的应急指挥信息资源网，充分发挥资源最大效应。国家安全生产监督管理总局应急救援指挥中心和省政府应急平台通过数据共享和交换系统与本应急平台进行数据交换；本应急平台根据权限从省政府应急平台获取共享数据，通过数据共享与交换机制获取其他职能管理部门、机构和其他专业应急救援指挥系统的数据。

四、培训演练系统

目前，我国的应急管理培训演练系统主要包括国家安全生产应急救援培训演练基地、专业安全生产应急救援培训演练机构，以及地方安全生产应急救援培训演练机构等。

1. 国家安全生产应急救援培训演练基地

国家安全生产应急救援培训演练基地主要负责对省级安全生产应急管理与协

调指挥机构和有关部门的专业安全生产应急管理与协调指挥机构的管理人员以及地市级安全生产应急管理与协调指挥机构负责人员的业务培训；负责为安全生产区域应急救援基地训练业务骨干；承担全国性跨专业安全生产应急救援演习和特种装备储备职能。

对应急救援队伍业务骨干的训练可采取组队训练方式，从我国安全生产应急救援基地和骨干队伍中抽调不同专业的业务骨干组成机动的特种应急救援队伍，采取服役制训练一段时间，培训、训练和实战相结合，熟悉特种装备的应用，特殊情况下参加抢险救援。

2. 专业安全生产应急救援培训演练机构

（1）国家级矿山救援技术培训中心，负责我国矿山救护中队以上指挥员的培训。

（3）国家级危险化学品应急救援培训中心和一、二级安全生产培训机构及国家级危险化学品应急救援基地，负责危险化学品应急救援演练和培训。

同时，加强和完善现有国家消防培训、铁路救援、民航应急救护、海上搜救、医疗救护等专业培训演练机构，使其承担相应专业的培训演练。

3. 地方安全生产应急救援培训演练机构

地方安全生产应急救援培训演练机构的设置由各省(自治区、直辖市)根据实际情况确定，可由设在当地的安全生产培训机构和应急救援基地承担。

第七章　安全生产应急预案

第一节　应急预案的概念、目的和作用

生产经营活动中存在许多不确定因素，生产经营过程中的生产安全事故不可能完全避免，因此，需要制定生产安全事故应急预案，以便组织及时有效的应急救援行动，控制和降低事故造成的后果和影响。

一、应急预案的概念

应急预案的最早期雏形是第二次世界大战期间出现的民防计划，当时由于空袭等战争行为给平民造成巨大伤亡，造成基础设施严重破坏，英国等参战国纷纷制订了以保护公众安全为目标的民防战略或计划。战争结束后，这一做法又演变、扩展到应对自然灾害、技术灾难等领域。20世纪70年代末，美国组建了联邦应急管理署(FEMA)，应急管理模式逐渐由分散向集中统一方向转变。联邦应急管理署组织来自全美的科学家和政府官员对应急预案的形式、内容及其分类做了多次的全面调研和深入分析，其代表性成果是在1992颁布的美国联邦应急响应预案(FRP)。

应急预案是针对可能发生的突发事件，为保证迅速、有序地开展应急与救援行动、降低事故损失而预先制订的有关行动计划或方案，又称应急计划或应急救援预案。应急预案是事故应急救援活动的行动指南，它是在辨识和评估潜在的重大危险、事故类型、发生的可能性及发生过程、事故后果及影响严重程度的基础上，对应急机构职责、人员、技术、装备、设施(备)、物资、救援行动及其指挥与协调等方面预先做出的具体安排。应急预案明确了在突发事件发生之前、发生过程中以及刚刚结束之后，谁负责做什么，何时做，以及相应的策略、资源准备等。

应急预案实际上是一个透明和标准化的反应程序，以使应急救援活动能够迅

速、有序地按照预先周密的计划和最有效的实施步骤有条不紊地进行。这些计划和步骤是快速响应和有效救援的基本保证。它有八个方面的含义。

（1）应急预案明确了突发事件应急处置的政策法规依据、工作原则、应对重点等基本内容。

（2）应急预案明确了突发事件应对工作的组织指挥体系与职责，规范了应急指挥机构的响应程序和内容，并对有关组织应急救援的责任进行了规定。

（3）应急预案明确了突发事件的预防预警机制和应急处置程序及方法，能快速反应处理故障或将突发事件消除在萌芽状态，防止突发事件扩大或蔓延。

（4）应急预案明确了突发事件分级响应的原则、主体、程序，以及组织管理流程框架、应对策略选择和资源调配的原则。

（5）应急预案明确了突发事件的抢险救援、处置程序，采用预先规定的方式，在突发事件中实施迅速、有效的救援，以减少人员伤亡，拯救人员的生命和财产。

（6）应急预案明确了处置突发事件过程中的应急保障措施，为突发事件的处置提供了有力保障，如应急处置过程中的人力、财力、物资、交通运输、医疗卫生、治安维护、人员防护、通信与信息、公共设施、社会沟通、技术支撑等。

（7）应急预案对事后恢复重建与善后管理进行了规范，在突发事件处置完毕后，人们的生产生活、社会秩序和生态环境能尽快恢复正常状态。应急预案还对突发事件发生后的情况调查，应急处置过程总结、评估及人员奖惩等所采取的一系列行动进行了规范。

（8）应急预案明确了突发事件应急管理日常性事务，为防范应对突发事件所做的宣传、培训、演练、调查评估，以及应急预案本身的修订完善等动态管理内容进行了规范。

应急预案应该有系统完整的设计、标准化的文本文件、行之有效的操作程序和持续改进的运行机制。应急预案主要包括三个方面的内容。

（1）事故预防。通过危险辨识、事故后果分析，采用技术和管理手段降低事故发生的可能性，或将已经发生的事故控制在局部，防止事故蔓延，并预防次生、衍生事故的发生。

（2）应急处置。一旦发生事故，通过应急处理程序和方法，可以快速反应并处置事故或将事故消除在萌芽状态。

（3）抢险救援。通过编制应急预案，采用预先的现场抢险和救援方式，对人员进行救护并控制事故发展，从而减少事故造成的损失。

二、应急预案的目的

应急预案是应急救援不可缺少的组成部分，是应急管理的文本体现，是应急管理工作的指导性文件，是及时、有序、有效地开展应急救援工作的重要保障。在目前的安全生产条件下，突发事故危害不可能完全避免，完善的应急预案可以避免小事故的发生、控制重大事故发生发展并做出及时处理。通过编制安全生产应急预案，规范安全生产事故灾难的应急管理和应急响应程序，及时有效地实施应急救援工作，最大限度地减少人员伤亡、财产损失，维护人民群众的生命安全和社会稳定。

应急预案体系是事故预防系统的重要组成部分，同时也是安全生产工作中的事故预防(上游)、应急预案(中游)和事故调查处理(下游)三个主要阶段中的重要环节，承前启后，对于控制事故发展，减少损失，保障人民群众生命安全具有重要意义。编制安全生产应急预案是安全生产应急管理的重要环节，是开展应急救援的一项基础性工作。

应急预案的总目标是控制紧急事件的发展，并尽最大可能消除事故，将事故对人员、财产和环境所造成的损失减到最低程度。其具体的目的有以下几项：

（1）采取预防措施使事故控制在局部，消除蔓延条件，防止突发性重大或连锁事故发生。

（2）能在事故发生后，立即组织营救受害人员，组织撤离或者采取其他措施保护危害区域内的其他人员。

（3）迅速控制危险源，并对事故造成的危害进行检验、监测，测定事故的危害区域、危害性质及危害程度，尽可能减轻事故对人员及财产的影响，保障人员生命和财产安全。

（4）做好现场清洁，消除危害后果。

（5）查清事故原因，评估危害程度。

三、应急预案的作用

应急预案是应急体系的主要组成部分，是应急救援准备工作的核心内容之一，是及时、有序、有效地开展应急救援工作的重要保障。应急预案的作用主要体现在以下五个方面：

（1）应急预案确定了应急救援的范围和体系，使应急准备和应急管理不再是无据可依、无章可循。尤其是通过培训和演习，可以使应急响应人员熟悉自己的责任，具备完成指定任务所需的相应技能，并检验预案和行动程序，评估应急人员的技能和整体协调性。

（2）应急预案有利于做出及时的应急响应，降低事故后果。应急行动对时间的要求十分敏感，不允许有任何拖延。应急预案预先明确了应急各方的职责和响应程序，在应急力量、应急资源等方面做了大量的先期准备，可以指导应急救援迅速、高效、有序地开展，将事故的人员伤亡、财产损失和环境破坏降到最低限度。此外，如果预先制定了应急预案，重大事故发生后必须快速解决的一些应急恢复问题，也很容易解决。

（3）应急预案是应对各类突发事故的应急基础。通过编制应急预案，可保证应急预案具有足够的灵活性，对那些事先无法预料到的突发事故起到基本的应急指导作用，成为开展应急救援的"底线"。在此基础上，可以针对特定事故类别编制专项应急预案，并有针对性地制定应急措施、进行专项应急准备和演习。

（4）应急预案建立了与上级单位和部门应急体系的衔接。通过编制应急预案，可以确保当发生超过本级应急能力的重大事故时，及时与有关应急机构进行联系与协调。

（5）应急预案有利于提高全社会风险防范意识。应急预案的编制、评审、发布、宣传、演练、教育和培训，强调各方的共同参与，有利于各方了解可能面临的重大风险及其相应的应急措施，有利于促进各方提高风险防范意识和能力。

第二节　我国应急预案体系框架

2003年春夏之际的非典疫情，严重影响了我国经济发展和人民群众的社会生活，让我们切身感受到建立突发公共事件应急机制的重要性与紧迫性。党中央、国务院于2003年7月提出了加快突发公共事件应急机制建设的重大课题。从此，建立突发公共事件应急机制成为中央和地方政府工作日程表里的重要内容，制定和修订应急预案也成为应急机制建设中的一项重要工作。

国务院办公厅于2003年12月成立了国务院办公厅应急预案工作小组，负责制定、修订国家突发公共事件应急预案。2004年是全国应急预案的编制之年，制定完善突发公共事件应急预案是2004年政府工作的一项重要任务。这一年内，国务院办公厅先后召开了国务院各部门和部分重点省(区、市)预案工作会议，印发《国务院有关部门和单位制定和修订突发公共事件应急预案框架指南》和《省(区、市)人民政府突发公共事件总体应急预案框架指南》，有力推动了全国突发公共事件应急预案制定、修订工作的开展，国家总体应急预案和专项、部门预案的编制工作取得重大进展，国务院主持召开专项应急预案审核会，审阅了105件专项和部门预案。各省(自治区、直辖市)和各有关部门的应急预案编制工作也全面启动。这为后续进一步推动"一案三制"工作奠定了基础。2005年是全面推进"一案三制"的工作之年，在预案方面，国务院印发了包括《国家突发公共事件总体应急预案》和应对自然灾害、事故灾难、公共卫生事件、社会安全事件四大类的25项专项应急预案、80项部门预案，共计106项，基本覆盖了我国经常发生的突发公共事件的主要方面。

目前，我国突发公共事件应急预案编制工作已基本完成，全国应急预案框架体系初步建立。如今，国家层面的专项预案和部门预案进一步健全，地方层面上安全生产应急预案进一步向基层延伸，企业层面上中央企业总部及其所属单位全部完成了预案编制工作，全国高危行业生产经营单位的预案覆盖率达到100%。

一、突发事件应急预案体系

应急预案体系是应急管理体系的重要组成部分，为了健全完善应急预案体系，形成"横向到边，纵向到底"的预案体系，根据"统一领导、分类管理、分级负责"的原则，按照不同的责任主体，我国各级政府、各企事业单位及其他社团组织基本建立了覆盖自然灾害、事故灾难、公共卫生、社会安全等各类突发事件的应急预案体系。

我国的突发公共事件应急预案体系划分为突发公共事件总体应急预案、突发公共事件专项应急预案、突发公共事件部门应急预案、突发公共事件地方应急预案、企事业单位应急预案、大型活动应急预案六个层次，如图7-1所示。

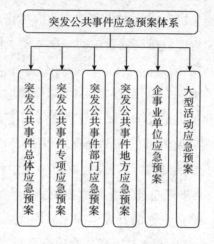

图7-1 我国突发公共事件应急预案体系

（1）突发公共事件总体应急预案是指国家或者某个地区、部门、单位为应对所有可能发生的突发公共事件而制定的综合性应急预案。总体应急预案是全国应急预案体系的总纲，是国务院为应对特别重大突发公共事件而制定的综合性应急预案和指导性文件，是政府组织管理、指挥协调相关应急资源和应急行动的整体计划和程序规范，由国务院制定，国务院办公厅组织实施。

（2）突发公共事件专项应急预案主要是国务院及其有关部门为应对某一类型或某几个类型的特别重大突发公共事件而制定的涉及多个部门(单位)的应急预案，是总体预案的组成部分，由国务院有关部门牵头制定，由国务院批准发布实施。

（3）突发公共事件部门应急预案是国务院有关部门(单位)根据总体应急预案、专项应急预案和职责为应对某一类型的突发公共事件或履行其应急保障职责的工作方案，由部门(单位)制定，报国务院备案后颁布实施。

（4）突发公共事件地方应急预案主要指各省(区、市)人民政府及其有关部门(单位)的突发公共事件总体预案、专项应急预案和部门应急预案；此外，还包括各地(市)、县人民政府及其基层政权组织的突发公共事件应急预案等。预案确定了各地政府是处置发生在当地突发公共事件的责任主体，是各地按照分级管理原则，应对突发公共事件的依据。

（5）企事业单位应急预案是各企事业单位根据有关法律、法规，结合各单位特点制定，主要是本单位应急救援的详细行动计划和技术方案。预案确立了企事业单位是其内部发生突发事件的责任主体，是各单位应对突发事件的操作指南，当事故发生时，事故单位立即按照预案开展应急救援。

（6）大型活动应急预案是指举办大型会展、文化体育等重大活动，主办单位制定的应急预案。

二、突发事件总体应急预案

1. 预案编制的意义和目的

《国家突发公共事件总体应急预案》的编制目的是提高政府保障公共安全和处置突发公共事件的能力，最大限度地预防和减少突发公共事件及其造成的损害，保障公众的生命财产安全，维护国家安全和社会稳定，促进经济社会全面协调、可持续发展。

总体预案的编制，是在认真总结我国历史经验和借鉴国外有益做法的基础上，经过集思广益、科学民主化的决策过程，按照依法行政的要求，并注重结合实践而形成的。应该说，预案的编制凝聚了几代人的经验，既是对客观规律的理性总结，也是一项制度创新。

2. 工作原则

《国家突发公共事件总体应急预案》明确提出了应对各类突发公共事件的六条工作原则。

（1）以人为本，减少危害。切实履行政府的社会管理和公共服务职能，把保障公众健康和生命财产安全作为首要任务，最大限度地减少突发公共事件及其造成的人员伤亡和危害。

（2）居安思危，预防为主。高度重视公共安全工作，常抓不懈，防患于未然。增强忧患意识，坚持预防与应急相结合，常态与非常态相结合，做好应对突发公共事件的各项准备工作。

（3）统一领导，分级负责。在党中央、国务院的统一领导下，建立健全分类管理、分级负责，条块结合、属地管理为主的应急管理体制，在各级党委领导下，实行行政领导责任制，充分发挥专业应急指挥机构的作用。

（4）依法规范，加强管理。依据有关法律和行政法规，加强应急管理，维护公众的合法权益，使应对突发公共事件的工作规范化、制度化、法治化。

（5）快速反应，协同应对。加强以属地管理为主的应急处置队伍建设，建立联动协调制度，充分动员和发挥乡镇、社区、企事业单位、社会团体和志愿者队伍的作用，依靠公众力量，形成统一指挥、反应灵敏、功能齐全、协调有序、运转高效的应急管理机制。

（6）依靠科技，提高素质。加强公共安全科学研究和技术开发，采用先进的监测、预测、预警、预防和应急处置技术及设施，充分发挥专家队伍和专业人员的作用，提高应对突发公共事件的科技水平和指挥能力，避免发生次生、衍生事件；加强宣传和培训教育工作，提高公众自救、互救和应对各类突发公共事件的综合素质。

3. 预测与预警

总体预案规定，各地区、各部门要针对各种可能发生的突发公共事件，完善预测预警机制，建立预测预警系统，开展风险分析，做到早发现、早报告、早处置。

根据预测分析结果，对可能发生和可以预警的突发公共事件进行预警。预警级别依据突发公共事件可能造成的危害程度、紧急程度和发展势态，一般划分为四级：I级(特别严重)、II级(严重)、III级(较重)和IV级(一般)，依次用红色、橙色、黄色和蓝色表示。

预警信息内容应包括突发公共事件的类别、预警级别、起始时间、可能影响范围、警示事项、应采取的措施、发布机关等。

预警信息的发布、调整和解除，可通过广播、电视、报刊、通信、信息网络、警报器、宣传车或组织人员逐户通知等方式进行，对老、幼、病、残、孕等特殊人群以及学校等特殊场所和警报盲区应当采取有针对性的公告方式。

4. 信息报告

特别重大或者重大突发公共事件发生后，省(区、市)级人民政府、国务院有关部门要按照《分级标准》立即如实向国务院报告，最迟不得超过四小时，不得迟报、谎报、瞒报和漏报，同时通报有关地区和部门。应急处置过程中，还要及时续报有关情况。在报告的同时，事发地的省(区、市)级人民政府或者国务院有关部门还必须根据职责和规定的权限启动相关应急预案，及时、有效地进行处置，控制事态。对于在境外发生的涉及中国公民和机构的突发事件，总体预案要求，我国驻外使领馆、国务院有关部门和有关地方人民政府要采取措施控制事态发展，组织应急救援。

5. 应急响应

对于先期处置未能有效控制事态，或者需要国务院协调处置的特别重大突发公共事件，根据国务院领导同志指示或者实际需要提出，或者应事发地省(区、市)级人民政府的请求或国务院有关部门的建议，国务院应急管理办公室提出处置建议向国务院分管领导和协助分管的副秘书长报告，经国务院领导同志批准后启动相关预案，必要时提请国务院常务会议审议决定。国务院处置的突发公共事件，由国务院相应指挥机构或国务院工作组统一指挥或指导有关地区、部门开展处置工作。

6. 信息发布

突发公共事件的信息发布应当及时、准确、客观、全面。要在事件发生的第一时间向社会发布简要信息，随后发布初步核实情况、政府应对措施、公众防范措施等，并根据事件处置情况做好后续发布工作。

信息发布形式主要包括授权发布、散发新闻稿、组织报道、接受记者采访、举行新闻发布会等。这意味着社会公众有了获得权威信息的渠道。

7. 应急管理

国务院是突发公共事件应急管理工作的最高行政领导机构。在国务院总理领导下，由国务院常务会议和国家相关突发公共事件应急指挥机构负责突发公共事件的应急管理工作；必要时，派出国务院工作组指导有关工作。

国务院办公厅设国务院应急管理办公室，履行值守应急、信息汇总和综合协调职责，发挥运转枢纽作用；国务院有关部门依据有关法律、行政法规和各自职责，负责相关类别突发公共事件的应急管理工作；地方各级人民政府是本行政区域突发公共事件应急管理工作的行政领导机构。同时，根据实际需要聘请有关专家组成专家组，为应急管理提供决策建议。

8. 责任追究与奖惩

突发公共事件应急处置工作实行责任追究制。对迟报、谎报、瞒报和漏报突发公共事件重要情况或者应急管理工作中有其他失职、渎职行为的，依法对有关责任人给予行政处分；构成犯罪的，依法追究刑事责任。

对在突发公共事件应急管理工作中做出突出贡献的先进集体和个人，总体预案也明确要给予表彰和奖励。

三、突发事件专项应急预案

目前，已发布的国家专项应急预案分为四类：自然灾害类、事故灾难类、公共卫生事件类、社会安全事件类。《国家安全生产事故灾难应急预案》是事故灾难类应急预案之一。

下面对《国家安全生产事故灾难应急预案》的主要内容进行简要介绍。

1. 编制目的

《国家安全生产事故灾难应急预案》的编制目的在于规范安全生产事故灾难的应急管理和应急响应程序，及时有效地实施应急救援工作，最大限度地减少人员伤亡、财产损失，维护人民群众的生命安全和社会稳定。

2. 适用范围

不同类型和不同级别的应急预案的适用范围也往往不同。《国家安全生产事故灾难应急预案》适用于下列安全生产事故灾难的应对工作。

（1）造成30人以上死亡(含失踪)，或危及30人以上生命安全，或者100人以上中毒(重伤)，或者需要紧急转移安置10万人以上，或者直接经济损失1亿元以上的特别重大安全生产事故灾难。

（2）超出省(区、市)人民政府应急处置能力，或者跨省级行政区、跨多个领域(行业和部门)的安全生产事故灾难。

（3）需要国务院安全生产委员会处置的安全生产事故灾难。

3. 安全生产事故应急响应分级标准

按照安全生产事故灾难的可控性、严重程度和影响范围，安全生产事故应急响应分级标准分为四级。

（1）出现下列情况之一启动I级响应：造成30人以上死亡(含失踪)，或危及30人以上生命安全，或者100人以上中毒(重伤)，或者直接经济损失1亿元以上的特别重大安全生产事故灾难；需要紧急转移安置10万人以上的安全生产事故灾难；超出省(区、市)人民政府应急处置能力的安全生产事故灾难；跨省(区、市)行政区、跨领域(行业)的安全生产事故灾难；国务院领导同志认为需要国务院安委会响应的安全生产事故灾难。

（2）出现下列情况之一启动Ⅱ级响应：造成10人以上、30人以下死亡(含失踪)，或危及10人以上、30人以下生命安全，或者50人以上、100人以下中毒(重伤)，或者直接经济损失5 000万元以上、1亿元以下的安全生产事故灾难；超出市(地、州、盟)人民政府应急处置能力的安全生产事故灾难；跨市、地级行政区的安全生产事故灾难；省(区、市)人民政府认为有必要响应的安全生产事故灾难。

（3）出现下列情况之一启动Ⅲ级响应：造成3人以上、10人以下死亡(含失踪)，或危及10人以上、30人以下生命安全，或者30人以上、50人以下中毒(重伤)，或者直接经济损失1 000万元以上、5 000万元以下的安全生产事故灾难；超出县级人民政府应急处置能力的安全生产事故灾难；发生跨县级行政区安全生产事故灾难；市(地、州、盟)人民政府认为有必要响应的安全生产事故灾难。

（4）发生或者可能发生一般事故时启动Ⅳ级响应：造成3人以下死亡，或者10人以下重伤，或者1 000万元以下直接经济损失的事故。

4．工作原则

各级人民政府及其工作人员在预防和处置安全生产事故过程中，要坚持以下五项工作原则：

（1）以人为本，安全第一。把保障人民群众的生命安全和身体健康、最大限度地预防和减少安全生产事故灾难造成的人员伤亡作为首要任务。切实加强应急救援人员的安全防护。充分发挥人的主观能动性，充分发挥专业救援力量的骨干作用和人民群众的基础作用。

（2）统一领导，分级负责。在国务院统一领导和国务院安委会组织协调下，各省(区、市)人民政府和国务院有关部门按照各自职责和权限，负责有关安全生产事故灾难的应急管理和应急处置工作。企业要认真履行安全生产责任主体的职责，建立安全生产应急预案和应急机制。

（3）条块结合，属地为主。安全生产事故灾难现场应急处置的领导和指挥以地方人民政府为主，实行地方各级人民政府行政首长负责制。有关部门应当与地方人民政府密切配合，充分发挥指导和协调作用。

（4）依靠科学，依法规范。采用先进技术，充分发挥专家作用，实行科学民主决策。采用先进的救援装备和技术，增强应急救援能力。依法规范应急救援工作，确保应急预案的科学性、权威性和可操作性。

（5）预防为主，平战结合。贯彻落实"安全第一，预防为主，综合治理"的方针，坚持事故灾难应急与预防工作相结合。做好预防、预测、预警和预报工作，做好常态下的风险评估、物资储备、队伍建设、完善装备、预案演练等工作。

5. 组织体系及相关机构职责

（1）组织体系

全国安全生产事故灾难应急救援组织体系由国务院安委会、国务院有关部门、地方各级人民政府安全生产事故灾难应急领导机构、综合协调指挥机构、专业协调指挥机构、应急支持保障部门、应急救援队伍和生产经营单位组成。

国家安全生产事故灾难应急领导机构为国务院安委会，综合协调指挥机构为国务院安委会办公室，国家安全生产应急救援指挥中心具体承担安全生产事故灾难应急管理工作，专业协调指挥机构为国务院有关部门管理的专业领域应急救援指挥机构。

地方各级人民政府的安全生产事故灾难应急机构由地方政府确定。

应急救援队伍主要包括消防部队、专业应急救援队伍、生产经营单位的应急救援队伍、社会力量、志愿者队伍及有关国际救援力量等。

国务院安委会各成员单位按照职责履行本部门的安全生产事故灾难应急救援和保障方面的职责，负责制定、管理并实施有关应急预案。

（2）现场应急救援指挥部及职责

现场应急救援指挥以属地为主，事发地省(区、市)人民政府成立现场应急救援指挥部。现场应急救援指挥部负责指挥所有参与应急救援的队伍和人员，及时向国务院报告事故灾难事态发展及救援情况，同时抄送国务院安委会办公室。

涉及多个领域、跨省级行政区或影响特别重大的事故灾难，根据需要由国务院安委会或者国务院有关部门组织成立现场应急救援指挥部，负责应急救援协调指挥工作。

6. 预警预防机制

（1）事故灾难监控与信息报告

国务院有关部门和省(区、市)人民政府应当加强对重大危险源的监控，对可能引发特别重大事故的险情，或者其他灾害、灾难可能引发安全生产事故灾难的重要信息应及时上报。

特别重大安全生产事故灾难发生后，事故现场有关人员应当立即报告单位负责人，单位负责人接到报告后，应当立即报告当地人民政府和上级主管部门。中央企业在上报当地政府的同时应当上报企业总部。当地人民政府接到报告后应当立即报告上级政府，国务院有关部门、单位、中央企业和事故灾难发生地的省(区、市)人民政府应当在接到报告后2小时内，向国务院报告，同时抄送国务院安委会办公室。

自然灾害、公共卫生和社会安全方面的突发事件可能引发安全生产事故灾难的信息，有关各级、各类应急指挥机构均应及时通报同级安全生产事故灾难应急救援指挥机构，安全生产事故灾难应急救援指挥机构应当及时分析处理，并按照分级管理的程序逐级上报，紧急情况下，可越级上报。

发生安全生产事故灾难的有关部门、单位要及时、主动向国务院安委会办公室、国务院有关部门提供与事故应急救援有关的资料。事故灾难发生地的安全监管部门提供事故前监督检查的有关资料，为国务院安委会办公室、国务院有关部门研究制订救援方案提供参考。

（2）预警行动

各级、各部门安全生产事故灾难应急机构接到可能导致安全生产事故灾难的信息后，按照应急预案及时研究确定应对方案，并通知有关部门、单位采取相应行动预防事故发生。

7．应急响应

（1）分级响应

I级应急响应行动由国务院安委会办公室或国务院有关部门组织实施。当国务院安委会办公室或国务院有关部门进行I级应急响应行动时，事发地各级人民政府应当按照相应的预案全力以赴组织救援，并及时向国务院及国务院安委会办公室、国务院有关部门报告救援工作进展情况。

II级及以下应急响应行动的组织实施由省(区、市)人民政府决定。地方各级人民政府根据事故灾难或险情的严重程度启动相应的应急预案，超出其应急救援处置能力时，及时报请上一级应急救援指挥机构启动上一级应急预案实施救援。

①国务院有关部门的响应。I级响应时，国务院有关部门启动并实施本部门相关的应急预案，组织应急救援，并及时向国务院及国务院安委会办公室报告救援工作进展情况。需要其他部门应急力量支援时，及时提出请求。根据发生的安全生产事故灾难的类别，国务院有关部门按照其职责和预案进行响应。

②国务院安委会办公室的响应。及时向国务院报告安全生产事故灾难基本情况、事态发展和救援进展情况；开通与事故灾难发生地的省级应急救援指挥机

构、现场应急救援指挥部、相关专业应急救援指挥机构的通信联系，随时掌握事态发展情况；根据有关部门和专家的建议，通知相关应急救援指挥机构随时待命，为地方或专业应急救援指挥机构提供技术支持；派出有关人员和专家赶赴现场参加、指导现场应急救援，必要时协调专业应急力量增援；对可能或者已经引发自然灾害、公共卫生和社会安全突发事件的，国务院安委会办公室要及时上报国务院，同时负责通报相关领域的应急救援指挥机构；组织协调特别重大安全生产事故灾难应急救援工作；协调落实其他有关事项。

（2）指挥和协调

进入1级响应后，国务院有关部门及其专业应急救援指挥机构立即按照预案组织相关应急救援力量，配合地方政府组织实施应急救援。

国务院安委会办公室根据事故灾难的情况开展应急救援协调工作。通知有关部门及其应急机构、救援队伍和事发地毗邻省(区、市)人民政府应急救援指挥机构，相关机构按照各自应急预案提供增援或保障。有关应急队伍在现场应急救援指挥部统一指挥下，密切配合，共同实施抢险救援和紧急处置行动。

现场应急救援指挥部负责现场应急救援的指挥，现场应急救援指挥部成立前，事发单位和先期到达的应急救援队伍必须迅速、有效地实施先期处置，事故灾难发生地人民政府负责协调，全力控制事故灾难发展态势，防止次生、衍生和耦合事故(事件)发生，果断控制或切断事故灾害链。

中央企业发生事故灾难时，其总部应全力调动相关资源，有效开展应急救援工作。

（3）紧急处置

现场处置主要依靠本行政区域内的应急处置力量。事故灾难发生后，发生事故的单位和当地人民政府按照应急预案迅速采取措施。

根据事态发展变化情况，出现急剧恶化的特殊险情时，现场应急救援指挥部在充分考虑专家和有关方面意见的基础上，依法及时采取紧急处置措施。

（4）医疗卫生救助

事发地卫生行政主管部门负责组织开展紧急医疗救护和现场卫生处置工作。

事故灾难发生地疾病控制中心根据事故类型，按照专业规程进行现场防疫工作。

（5）应急人员的安全防护

现场应急救援人员应根据需要携带相应的专业防护装备，采取安全防护措施，严格执行应急救援人员进入和离开事故现场的相关规定。

现场应急救援指挥部根据需要具体协调、调集相应的安全防护装备。

（6）群众的安全防护

现场应急救援指挥部负责组织群众的安全防护工作，主要工作内容如下：企业应当与当地政府、社区建立应急互动机制，确定保护群众安全需要采取的防护措施；决定应急状态下群众疏散、转移和安置的方式、范围、路线、程序；指定有关部门负责实施疏散、转移；启用应急避难场所；开展医疗防疫和疾病控制工作；负责治安管理。

（7）社会力量的动员与参与

现场应急救援指挥部组织调动本行政区域社会力量参与应急救援工作。

超出事发地省(区、市)人民政府处置能力时，省(区、市)人民政府向国务院申请本行政区域外的社会力量支援，国务院办公厅协调有关省级人民政府、国务院有关部门组织社会力量进行支援。

（8）现场检测与评估

根据需要，现场应急救援指挥部成立事故现场检测、鉴定与评估小组，综合分析和评价检测数据，查找事故原因，评估事故发展趋势，预测事故后果，为制定现场抢救方案和事故调查提供参考。检测与评估报告要及时上报。

（9）信息发布

国务院安委会办公室会同有关部门具体负责特别重大安全生产事故灾难信息的发布工作。

（10）应急结束

当遇险人员全部得救，事故现场得以控制，环境符合有关标准，导致次生、衍生事故隐患消除后，经现场应急救援指挥部确认和批准，现场应急处置工作结束，应急救援队伍撤离现场。由事故发生地省（区、市）人民政府宣布应急结束。

8．后期处置

（1）善后处置

省（区、市）人民政府会同相关部门（单位）负责组织特别重大安全生产事故灾难的善后处置工作，包括人员安置、补偿，征用物资补偿，灾后重建，污染物收集、清理与处理等事项。尽快消除事故影响，妥善安置和慰问受害及受影响人员，保证社会稳定，尽快恢复正常秩序。

（2）保险

安全生产事故灾难发生后，保险机构及时开展应急救援人员保险受理和受灾人员保险理赔工作。

（3）事故灾难调查报告、经验教训总结及改进建议

特别重大安全生产事故灾难由国务院安全生产监督管理部门负责组成调查组进行调查；必要时，国务院直接组成调查组或者授权有关部门组成调查组。

安全生产事故灾难善后处置工作结束后，现场应急救援指挥部分析总结应急救援经验教训，提出改进应急救援工作的建议，完成应急救援总结报告并及时上报。

9. 保障措施

（1）通信与信息保障

建立健全国家安全生产事故灾难应急救援综合信息网络系统和重大安全生产事故灾难信息报告系统；建立完善救援力量和资源信息数据库；规范信息获取、分析、发布、报送格式和程序，保证应急机构之间的信息资源共享，为应急决策提供相关信息支持。

有关部门应急救援指挥机构和省级应急救援指挥机构负责本部门、本地区相关信息收集、分析和处理，定期向国务院安委会办公室报送有关信息，重要信息和变更信息要及时报送，国务院安委会办公室负责收集、分析和处理全国安全生产事故灾难应急救援有关信息。

（2）应急支援与保障

①救援装备保障。各专业应急救援队伍和企业根据实际情况和需要配备必要的应急救援装备。专业应急救援指挥机构应当掌握本专业的特种救援装备情况，各专业队伍按规程配备救援装备。

②应急队伍保障。矿山、危险化学品、交通运输等行业或领域的企业应当依法组建和完善救援队伍。各级、各行业安全生产应急救援机构负责检查并掌握相关应急救援力量的建设和准备情况。

③交通运输保障。发生特别重大安全生产事故灾难后，国务院安委会办公室或有关部门根据救援需要及时协调民航、交通、铁路等行政主管部门提供交通运输保障。地方人民政府有关部门对事故现场进行道路交通管制，根据需要开设应急救援特别通道，道路受损时应迅速组织抢修，确保救灾物资、器材和人员运送

及时到位，满足应急处置工作需要。

④医疗卫生保障。县级以上各级人民政府应当加强急救医疗服务网络的建设，配备相应的医疗救治药物、技术、设备和人员，提高医疗卫生机构应对安全生产事故灾难的救治能力。

⑤物资保障。国务院有关部门和县级以上人民政府及其有关部门、企业，应当建立应急救援设施、设备、救治药品、医疗器械等储备制度，储备必要的应急物资和装备。各专业应急救援机构根据实际情况，负责监督应急物资的储备情况，掌握应急物资的生产加工能力的储备情况。

⑥资金保障。生产经营单位应当做好事故应急救援必要的资金准备。安全生产事故灾难应急救援资金首先由事故责任单位承担，事故责任单位暂时无力承担的，由当地政府协调解决。国家处置安全生产事故灾难所需工作经费按照《财政应急保障预案》的规定解决。

⑦社会动员保障。地方各级人民政府根据需要动员和组织社会力量参与安全生产事故灾难的应急救援。国务院安委会办公室协调调用事发地以外的有关社会应急力量参与增援时，地方人民政府要为其提供各种必要保障。

⑧应急避难场所保障。直辖市、省会城市和大城市人民政府负责提供特别重大事故灾难发生时人员避难需要的场所。

（3）技术储备与保障

国务院安委会办公室成立安全生产事故灾难应急救援专家组，为应急救援提供技术支持和保障。要充分利用安全生产技术支撑体系的专家和机构，研究安全生产应急救援重大问题，开发应急技术和装备。

（4）宣传、培训和演习

①公众信息交流。国务院安委会办公室和有关部门组织应急法律法规和事故预防、避险、避灾、自救、互救常识的宣传工作，各种媒体提供相关支持。地方各级人民政府结合本地实际，负责本地相关宣传、教育工作，提高全民的危机意识。企业与所在地政府、社区建立互动机制，向周边群众宣传相关应急知识。

②培训。有关部门组织各级应急管理机构以及专业救援队伍的相关人员进行上岗前培训和业务培训。有关部门、单位可根据自身实际情况，做好兼职应急救援队伍的培训，积极组织社会志愿者的培训，提高公众自救、互救能力。地方各级人民政府将突发公共事件应急管理内容列入行政干部培训的课程。

③演习。各专业应急机构每年至少组织一次安全生产事故灾难应急救援演习。国务院安委会办公室每两年至少组织一次联合演习。各企事业单位应当根据自身特点，定期组织本单位的应急救援演习。演习结束后应及时进行总结。

（5）监督检查

国务院安委会办公室对安全生产事故灾难应急预案实施的全过程进行监督检查。

四、突发事件部门应急预案

目前，我国有突发公共事件部门应急预案100余项，并将根据需要适时地制定、修订。国家安全生产监督管理总局负责制定的七项部门应急预案，分别是：《矿山事故灾难应急预案》《危险化学品事故灾难应急预案》《陆上石油天然气开采事故灾难应急预案》《陆上石油天然气储运事故灾难应急预案》《海洋石油天然气作业事故灾难应急预案》《冶金事故灾难应急预案》《尾矿库事故灾难应急预案》。

1. 七项部门应急预案的定位和编制原则

为应对重大事故灾难，国家安全生产监督管理总局针对行业生产安全事故特点，根据职责分工制定了七项部门应急预案。七项部门应急预案是《国务院突发公共事件应急预案框架体系》的组成部分，由国家安全生产监督管理总局负责起草、发布和实施，报国务院审核和备案。

七项部门应急预案编制工作依据《国家突发公共事件总体应急预案》和《国家安全生产事故灾难应急预案》总体要求，遵循"以人为本、安全第一，统一领导、分级负责，条块结合、属地为主，资源共享、协同应对，依靠科学、依法规范，预防为主、平战结合"的工作原则，建立健全危险源管理和事故预防预警工作机制，全面提高应对事故灾难和风险的能力，最大限度地预防重大事故，减少重大事故造成的损失和危害，保护劳动者生命安全，维护社会稳定，促进经济社会持续快速、协调健康发展。

2. 七项部门应急预案的基本框架和主要内容

按照《国务院有关部门和单位制定和修订突发公共事件应急预案框架指南》和《国家突发公共事件总体应急预案》，七项部门应急预案都分为八个方面的内容，即总则、组织指挥体系与职责、预警和预防机制、应急响应、后期处置、应急保障、附则和附件。

按照《国家突发公共事件总体应急预案》和《国家安全生产事故灾难应急预案》总体要求，七项部门应急预案都包括八个方面的内容。

（1）适用范围和响应分级标准，包括预案编制的工作原则。

（2）应急组织机构和职责，包括现场应急指挥机构和专家组的建立及主要职责。

（3）事故监测与预警，包括重大危险源管理和预警的建立。

（4）信息报告与处理，包括信息报告程序、处理原则和新闻发布。

（5）应急处置，包括先期处置、分级负责、指挥与协调、现场救助和应急结束。

（6）应急保障措施，包括人力资源、财力保障、医疗卫生、交通运输、通信与信息、公共设施、社会治安、技术和各种应急物资的储备与调用等。

（7）恢复与重建，包括及时由非常态转为常态、善后处置、调查评估、恢复等工作。

（8）应急预案监督与管理，包括预案演练、培训教育、预案更新等。

第三节　安全生产事故应急预案

安全生产事故应急预案是针对可能发生的事故，为迅速、有序地开展应急行动而预先制订的行动计划或方案。安全生产事故应急预案是国家安全生产应急预案体系的重要组成部分。生产经营单位制订安全生产事故应急预案是贯彻落实"安全第一、预防为主、综合治理"方针，规范生产经营单位应急管理工作，提高应对和防范风险与事故的能力，保证职工安全健康和公众生命安全，最大限度地减少财产损失、环境损害和社会影响的重要措施。

一、应急预案体系的组成

应急管理是一项系统工程，生产经营单位的组织体系、管理模式、风险大小以及生产规模不同，应急预案体系构成也不完全一样。生产经营单位应结合本单位的实际情况，从公司、企业(单位)到车间、岗位分别制定相应的应急预案，形成体系，互相衔接，并按照统一领导、分级负责、条块结合、属地为主的原则，同地方人民政府和相关部门应急预案相衔接。

为了贯彻落实《国务院关于全面加强应急管理工作的意见》，指导生产经营单位做好安全生产事故应急预案编制工作，解决目前生产经营单位应急预案要素不全、操作性不强、体系不完善、与相关应急预案不衔接等问题，规范生产经营单位应急预案编制工作，提高生产经营单位应急预案的编写质量，根据《中华人民共和国安全生产法》和《国家安全生产事故灾难应急预案》，国家安全生产应急救援指挥中心组织编制了《生产经营单位安全生产事故应急预案编制导则》（以下简称《导则》）。根据《导则》中的规定，生产经营单位安全生产事故应急预案应形成体系，可以由综合应急预案、专项应急预案和现场应急处置方案构成，明确生产经营单位在事前、事发、事中、事后的各个过程中相关部门和有关人员的职责。生产经营单位结合本单位的组织结构、管理模式、风险种类、生产规模等特点，可以对应急预案主体结构等要素进行调整。

除上述三个主体组成部分外，生产经营单位应急预案需要有充足的附件支持，主要包括：有关应急部门、机构或人员的联系方式；重要物资装备的名录或清单；规范化格式文本；关键的路线、标识和图纸；相关应急预案名录；有关协议或备忘录(包括与相关应急救援部门签订的应急支援协议或备忘录等)。

二、综合应急预案

综合应急预案是从总体上阐述事故的应急方针、政策，包括本单位的应急组织机构及相关应急职责、预案体系及响应程序、事故预防及应急保障、预案管理等内容，是应对各类事故的综合性文件。风险种类多、可能发生多种事故类型的生产经营单位，应当组织编制综合应急预案。

1. 综合应急预案的适用范围及编制要求

综合应急预案与专项应急预案和现场处置方案不同，综合应急预案侧重于各项职责的规定和应急救援活动的组织协调，为制定专项应急预案和现场处置方案提供了框架和指导。一般规模比较大、存在多种不同类型的危险源的企业，比较适于编制这种预案。规模小、危险因素少的生产经营单位，综合应急预案、专项应急预案和现场处置方案可以合并编写。所有存在潜在事故的生产经营单位都应编制综合应急预案，但不一定要编制专项应急预案和现场处置方案。

编写综合应急预案时，首先要保证其具有全面性和系统性，综合应急预案要考虑公司(集团)内部的所有危险源，要涵盖本企业可能或易发、频发的各类突发事件，基本内容包括组织保障、应急队伍组建、信息报告、群众预防和自救、处置工作分工、处置工作流程、应急保障、灾后恢复重建和善后处理等。且综合应急预案内容要简洁明了、职责分工明确，必须明确应急队伍和应急值班的职责、装备配备具体数量及存放地点、处置工作的具体步骤和流程等，具有针对性、适用性、可操作性，突出实用、管用、实效，并注意与上级预案进行有效衔接。

其次，综合应急预案不对具体的应急救援程序和应急处置做出详细的规定(综合应急预案、专项应急预案以及现场处置方案合并编写的除外)，而是侧重于应急救援活动的组织协调，对各项救援活动做出概括和提炼，为编写其他预案提供框架。

2. 综合应急预案的编制内容

综合应急预案的主要内容包括：总则、生产经营单位的危险性分析、组织机构及职责、预防与预警、应急响应、信息发布、后期处置、保障措施、培训与演练、奖惩、附则十一个部分。

（1）总则

总则简要描述编制应急预案的目的，所依据和参照的法律、法规、部门规章、技术标准、规范性文件、相关应急预案等，应说明应急预案适用范围、事故类型和等级，应急预案体系的构成，应急工作原则等内容。

①编制目的：简述应急预案编制的目的、作用等。

②编制依据：简述应急预案编制所依据的法律法规、规章，以及有关行业管理规定、技术规范、标准等。

近年来国家颁布的有关应急预案的法律有《中华人民共和国安全生产法》《中华人民共和国消防法》《中华人民共和国职业病防治法》《中华人民共和国环境保护法》以及《中华人民共和国突发事件应对法》等。

相关的法规有《危险化学品安全管理条例》《国务院关于特大安全事故行政责任追究的规定》《安全生产违法行为行政处罚办法》《使用有毒物品作业场所劳动保护条例》《安全生产许可证条例》《特种设备安全监察条例》《建设工程安全生产管理条例》《核电厂核事故应急管理条例》等。有关应急预案编制的标准有《生产经营单位安全生产事故应急预案编制导则》。

③适用范围：说明应急预案适用的区域范围，如某厂、某车间、某方位、某

装置、某场所等；还应说明事故的类型、级别，事故类型如火灾、爆炸、泄漏、中毒、透水等。

④应急预案体系：说明本单位应急预案体系的构成情况，如针对某具体的事故类别、危险源、装置、场所或设施等制定的专项应急预案或现场处置方案以及上级主管部门制定的应急预案，应将所有的这些应急预案列出，并说明每个预案的适用范围和执行者。

⑤应急工作原则：说明本单位应急工作的原则，内容应简明扼要、明确具体。应急工作必须有明确的原则和方针作为开展应急救援工作的纲领。原则与方针应体现应急救援工作的优先原则。如保护人员安全优先，防止和控制事故蔓延优先，保护环境优先。此外，原则与方针还应体现事故损失控制、高效协调以及持续改进的思想。

（2）生产经营单位的危险性分析

生产经营单位的危险性分析包括描述本单位存在或可能发生的事故风险、事故发生的可能性以及严重程度和影响范围等内容。

①生产经营单位概况：主要包括单位地址、从业人数、隶属关系、主要原材料、主要产品、产量等内容，以及周边重大危险源、重要设施、目标、场所和周边布局情况。必要时，可附平面图进行说明。

②危险源与风险分析：主要阐述本单位存在的危险源及风险分析结果。包括主要危险物质的种类、数量及特性；重大危险源的数量及分布；危险物质运输路线分布；潜在的重大事故、灾害类型、影响区域及后果。

（3）组织机构及职责

明确本单位的应急组织形式、组成单位或人员以及构成部门的应急工作职责。应急组织机构根据事故类型和应急工作需要，可设置相应的应急工作小组，并明确各小组的工作任务及职责。

①应急组织体系

为保证应急救援工作反应迅速、协调有序，必须建立完善的应急组织体系，按照应急救援的需要，事故应急组织体系一般应分为五个核心应急功能机构，即指挥、行动、策划、后勤以及行政／财政。事故应急组织体系的基本运作原则就是事故应急总指挥负责所有的行动，直到指挥权转移到其他特定人员。企业在划分应急组织体系时，应明确每个应急功能机构组成部门或人员。应急组织体系的结构如图7-2所示。

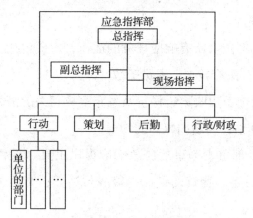

图7-2　应急组织体系结构

②指挥机构及职责

企业应明确各职能机构的职责。一般有如下机构及职责：

a.应急指挥部。应急指挥部协调各部门的应急响应行动，包括确定事故目标和管理所有的事故行动。归纳起来，指挥部的职责主要为：负责应急指挥；协调有效的通信；协调资源；确定事故的优先级别；建立相互一致的事故目标及批准应急策略；将事故目标落实到相应部门或机构；审查和批准事故行动计划；确保响应人员和公众的健康与安全；通知媒体。

应急指挥部内包括应急总指挥、应急副总指挥及现场指挥，应急总指挥一般由企业第一负责人担任，副总指挥由生产副总经理或行政副总经理担任，现场指挥由事发单位第一负责人(如车间主任)或生产副总经理担任。应急总指挥只能有一人，副总指挥或现场指挥可以是一人或多人，但其职责分工要明确。各岗位人员及分工都要予以明确，并要规定出当某岗位人员不在事发现场时，由谁承担该岗位的职责。

应急总指挥的职责主要是确定事故优先级别、审查和批准事故行动计划等，并对整个应急救援行动负责。

应急副总指挥的职责是协助总指挥开展应急指挥，也可以是分工负责行动、策划、后勤或行政中的一个或多个职能。

应急现场指挥的职责主要是负责应急救援现场的组织指挥工作，及时向总指挥部报告现场抢险救援工作情况，保证现场抢险救援行动与总指挥部的指挥和各保障系统的工作协调。

b.行动部。行动部负责所有响应任务的运作，主要包括：接警与通知；消防与抢险(泄漏物控制)；医疗救护；人员疏散。

c.策划部。策划部负责收集、评价及发布事故相关的信息，主要包括：事态发展情况的监测与评估；与新闻媒体的沟通。

d.后勤部。后勤部负责为事故应急响应提供工具、设备、服务及材料，主要职责包括：应急设备、物资的供应；警戒与治安；交通运输保障；疏散人员的安置。

e．行政／财政部。行政／财政部负责事故应急的所有行政、财政费用方面的工作，包括为应急提供需要的经费，善后处理等工作。

企业何时或如何扩展事故应急组织体系并没有严格的规定，很多事故可能并不需要启动策划、后勤或行政／财政模块，而有些事故则可能需要启动其中的某个或全部功能。对于某些事故，在某些场合，只是需要组织体系中的少数几个功能要素。

事故应急组织体系的参加者会因事故不同而异，其成员的构成通常是基于事故的需求。

成员及其数量完全取决于事故的大小和复杂程度，没有绝对的标准可循。

以上是通常情况下各职能机构的职责，企业还应进一步明确职能机构中各单位或个人的职责，但需要注意的是，应急组织中的有关单位或个人的应急职责可根据企业正常生产管理系统职位来分配紧急时的任务。这样会减少培训以保证紧急时正确指挥，因为他们平时就是这样工作，以便紧急情况发生时能够减少混乱。

（4）预防与预警

预警根据企业监测监控系统数据变化状况、事故险情紧急程度、发展态势或有关部门提供的预警信息进行，应明确预警的条件、方式、方法和信息发布的程序等内容。信息报告应明确事故及重大事故险情信息报告程序、24小时应急值守电话、事故信息报告流程、内容、时限、责任人等内容。

①危险源监控：明确本单位对危险源监测监控的方式、方法，以及采取的预防措施。对危险源特别是重大危险源进行全面监控，严密监控其安全状态，以及向事故临界状态转化的各种参数的变化趋势，及时发出预警信息或应急指令，把事故隐患消灭在萌芽状态。

②预警行动：根据危险源监控设备和监控人员提供的信息，按照"早发现、早报告、早处置"的原则，有关人员将信息汇总、分析后，报应急指挥部，应急指挥部及时组织有关人员分析事故发生发展态势，及时研究确定应对方案，根据事故的发生态势，发出预警预报，并通知有关应急组织机构和公众采取相应行动预防事故发生。企业在确定预警行动时，应明确事故预警的条件、方式、方法和信息的发布程序。

③信息报告与处置：按照有关规定，明确事故及未遂伤亡事故信息报告与处置办法。

a.信息报告与通知。明确24小时应急值守电话、事故信息接收和通报程序。

b.信息上报。明确事故发生后向上级主管部门和地方人民政府报告事故信息的流程、内容和时限。

c.信息传递。明确事故发生后向有关部门或单位通报事故信息的方法和程序。

（5）应急响应

①响应分级：针对事故危害程度、影响范围和单位控制事态的能力，将事故分为不同的等级。按照分级负责的原则，明确应急响应级别。应急响应级别可按照事故得到控制的时间、人员伤亡情况、单位的应急救援设备、人员的能力等确定。企业应急响应一般可分为车间级和公司级。

②响应程序：根据事故的大小和发展态势，需要启动应急响应程序。应急响应一般流程如图7-3所示。

③应急结束：明确应急终止的条件。事故现场得以控制，环境符合有关标准，次生、衍生事故隐患消除后，经事故现场应急指挥机构批准后，现场应急结束。应急结束后，应明确以下几点：

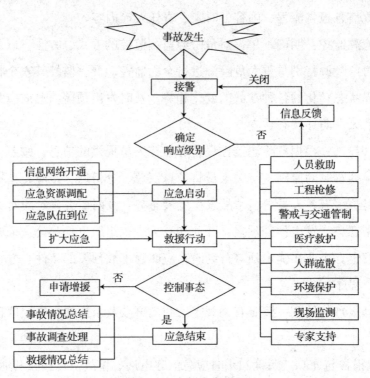

图7-3　应急响应流程

a.事故情况上报事项。按照《生产安全事故报告和调查处理条例》(国务院令第49号),事故发生,事故单位负责人接到报告后,应当于一小时内向事故发生地县级以上人民政府安全生产监督管理部门和负有安全生产监督管理职责的有关部门报告。并自事故发生之日起30日内,事故造成的伤亡人数发生变化的,应当及时补报。报告的内容应包括:事故发生单位概况;事故发生的时间、地点以及事故现场情况;事故的简要经过;事故已经造成或者可能造成的伤亡人数(包括下落不明的人数)和初步估计的直接经济损失;已经采取的措施;其他应当报告的情况。

b.需向事故调查处理小组移交的相关事项。未造成人员伤亡的一般事故,事故发生单位可以自行组织事故调查组进行调查。特别重大事故由国务院或者国务院授权有关部门组织事故调查组进行调查;重大事故由事故发生地省级人民政府组织事故调查组进行调查,或授权有关部门组织事故调查组进行调查;较大事故由设区的市级人民政府或授权或委托有关部门组织事故调查组进行调查;造成人员伤亡的一般事故由县级人民政府负责调查,也可以授权或者委托有关部门组织事故调查组进行调查。事故发生单位应提供有关资料、数据等配合调查组进行调查。

c.事故应急救援工作总结报告。应急结束后，应由事故应急总指挥组织有关救援人员和企业内其他管理人员对事故救援情况进行总结，编写救援工作总结报告。事故应急救援总结主要从：应急预案的实施情况；应急反应的及时性；应急组织的协调配合情况；应急设备的充分性；人员的疏散情况；应急医疗救护情况；人员伤亡情况几方面进行。

（6）信息发布

重大事故发生后，不可避免地会引起新闻媒体和公众的关注。所以，事故发生单位应明确事故信息发布的部门，发布原则。事故信息应由事故现场指挥部及时准确地向新闻媒体通报，以消除公众的恐慌心理，避免公众的猜疑和不满。

（7）后期处置

当应急阶段结束后，需要进行后期处置，以从紧急情况恢复到正常状态。通常情况下，后期处置主要包括污染物处理、事故后果影响消除、生产秩序恢复、善后赔偿、抢险过程和应急救援能力评估及应急预案的修订等内容。

（8）保障措施

①通信与信息保障。明确与应急工作相关联的单位或人员通信联系方式和方法，并提供备用方案。建立信息通信系统及维护方案，确保应急期间信息通畅。

②应急队伍保障。明确各类应急响应的人力资源，包括专业应急队伍、兼职应急队伍的组织与保障方案。

③应急物资装备保障。明确应急救援需要使用的应急物资和装备的类型、数量、性能、存放位置、管理责任人及其联系方式等内容。

④经费保障。明确应急专项经费来源、使用范围、数量和监督管理措施，保障应急状态时生产经营单位应急经费及时到位。

⑤其他保障。根据本单位应急工作需求而确定的其他相关保障措施(如：交通运输保障、治安保障、技术保障、医疗保障、后勤保障等)。

（9）培训与演练

①培训。明确对本单位人员开展的应急培训计划、方式和要求。如果预案涉及社区和居民，要做好宣传教育、告知等工作。

②演练。明确应急演练的规模、方式、频次、范围、内容、组织、评估、总

结等内容。

（10）奖惩

明确事故应急救援工作中奖励和处罚的条件和内容。

（11）附则

①术语和定义。对应急预案涉及的一些术语进行定义。

②应急预案备案。明确本应急预案的报备部门。

③维护和更新。明确应急预案维护和更新的基本要求，定期进行评审，实现可持续改进。

④制定与解释。明确应急预案负责制定与解释的部门。

⑤应急预案实施。明确应急预案实施的具体时间。

三、专项应急预案

专项应急预案是针对具体的事故类别(如煤矿瓦斯爆炸、危险化学品泄漏等事故)、危险源和应急保障而制订的计划或方案，是综合应急预案的组成部分，应按照综合应急预案的程序和要求组织制订，并作为综合应急预案的附件。专项应急预案应制订明确的救援程序和具体的应急救援措施。

专项应急预案的主要内容包括：事故类型和危害程度分析、应急处置基本原则、组织机构及职责、预防与预警、信息报告程序、应急处置、应急物资与装备保障七个部分。具体内容如下：

1. 事故类型和危害程度分析

在危险源评估的基础上，对其可能发生的事故类型和可能发生的季节及事故严重程度进行确定。

2. 应急处置基本原则

明确处置该类特殊风险和安全生产事故应当遵循的基本原则。

3. 组织机构及职责

根据事故类型，明确应急救援指挥机构总指挥、副总指挥以及各成员单位或人员的具体职责。应急救援指挥机构可以设置相应的应急救援工作小组，明确各小组的工作任务及主要负责人的职责。

（1）应急组织体系。明确应急组织形式，构成单位或人员，并尽可能以结构图的形式表示出来。

（2）指挥机构及职责。根据事故类型，明确应急救援指挥机构总指挥、副总指挥以及各成员单位或人员的具体职责。应急救援指挥机构可以设置相应的应急救援工作小组，明确各小组的工作任务及主要负责人职责。

4．预防与预警

（1）危险源监控。明确本单位对危险源监测监控的方式、方法，以及采取的预防措施。

（2）预警行动。明确具体事故预警的条件、方式、方法和信息的发布程序。

5．信息报告程序

（1）确定报警系统及程序。

（2）确定现场报警方式，如电话、警报器等。

（3）确定24小时与相关部门的通信、联络方式。

（4）明确相互认可的通告、报警形式和内容。

（5）明确应急反应人员向外求援的方式。

6．应急处置

明确事故报告程序和内容、报告方式、责任人等内容。根据事故响应级别，具体描述事故接警报告和记录、应急指挥机构启动、应急指挥、资源调配、应急救援、扩大应急等应急响应程序。

（1）响应分级。针对事故危害程度、影响范围和单位控制事态的能力，将事故分为不同的等级。按照分级负责的原则，明确应急响应级别。

（2）响应程序。根据事故的大小和发展态势，明确应急指挥、应急行动、资源调配、应急避险、扩大应急等响应程序。

（3）处置措施。针对本单位事故类别和可能发生的事故特点、危险性，制定的应急处置措施(如：煤矿瓦斯爆炸、冒顶片帮、火灾、透水等事故应急处置措施，危险化学品火灾、爆炸、中毒等事故应急处置措施)。

7．应急物资与装备保障

明确应急处置所需的物资与装备数量、管理和维护、正确使用等。

四、现场处置方案

现场处置方案是根据不同事故类别，针对具体的重大技术装置、工作场所或设施、重点工作岗位所制定的应急处置措施，应当包括危险性分析、可能发生的事故特征、应急处置程序、应急处置要点、注意事项等内容。现场处置方案应根据风险评估、岗位操作规程以及危险性控制措施，组织现场作业人员进行编制，做到现场作业人员应知应会，熟练掌握，并经常进行演练。

现场处置方案作为生产经营单位整体应急预案文件之一，是基于风险分析及危险控制措施基础上并应用于应对各种危险情况时的具体做法，强调在应急活动过程中承担应急功能的组织、部门、人员的具体责任和行动。因此，现场处置方案应具体、简单、针对性强。现场处置方案应根据风险评估及危险性控制措施逐一编制，做到事故相关人员应知应会，熟练掌握，并通过应急演练，做到迅速反应、正确处置。

对于可能发生事故的岗位或承担各类应急功能的负责部门、人员，都应该有相应的现场处置方案，为本部门或个人履行应急职责和任务提供详细指导，使应急人员在出现紧急情况时能做到有条不紊、高效地开展各项应急工作。

1. 现场处置方案的基本要求

生产经营单位的全体成员通过综合应急预案和专项应急预案可以了解本单位的应急原则、应急体系、应急过程、应急程序等。但对于具体的个人或部门，需要具体掌握的应急信息和方法指导是由现场处置方案来表达的。

对综合应急预案中规定的许多职责来说，需要明确将它们分配给某个部门或某些人并规定责任人的义务。如综合应急预案中的职责描述将灭火的责任交给消防部门保卫部门，则不必详细说明保卫部门在现场应该怎样做或应使用什么灭火设备是最合适的，因为在专项应急预案和现场处置方案中会进行详细的描述。

现场处置方案不一定要规定完全一致的格式和固定的要求，但应该强调的是，针对可能发生事故的装置、场所、设施以及岗位，担负有关应急职责的部门或人员都必须编制现场处置方案。现场处置方案应提供事故特征、应急职责、应急处置措施或方法，以及一些安全注意事项，以便能满足应急活动的需求，并能够把应急各项任务分配转变成具体的应急行动检查表，而这种应急行动检查表在应急行动中非常实用和重要。现场处置方案应说明每个责任单位或人员怎样完成分配给他们的任务。通常，现场处置方案中包括应急行动检查表、点名册、资源清单、地图、图表等，并且提供了采取下述应急行动的过程：通知相关人员，获得并使用应急设备、应急供应资源和车辆进行互助，向应急指挥中心和现场应急指挥中心及时报告相关信息，联络在其他地点工作的人员。

现场处置方案编制的目的和作用决定其基本要求。一般来说，现场处置方案的基本要求如下：

（1）可操作性

现场处置方案就是为应急部门或人员提供详细、具体的应急指导，必须具有可操作性。现场处置方案应明确针对的事故，执行任务的主体、时间和地点，具体的应急行动、行动步骤、行动标准等，使应急部门或个人参照现场处置方案都可以快速有效地开展应急工作，而不会受到紧急情况的干扰导致手足无措，甚至出现错误的行为。

（2）协调一致性

在应急救援过程中会有不同的应急部门或应急人员参与，并承担不同的应急职责和任务，开展各自的应急行动，因此现场处置方案在应急职责及其他人员配合方面，必须要考虑相互之间的接口，应与综合应急预案的要求、专项应急预案的应急内容、支持附件提供的信息资料以及其他现场处置方案协调一致，不应该有矛盾或逻辑错误。如果应急活动可能扩展到单位外部，在相关现场处置方案中应留有与外部应急救援组织机构的接口。

（3）针对性

应急救援活动由于事故发生的种类、地点和环境、时间、事故演变过程的差异而呈现出复杂性，现场处置方案是依据危险源与风险分析的结果和风险管理要求，结合应急部门或个人的应急职责和任务而编制相应的程序。每个现场处置方案必须紧紧围绕现场可能发生的事故状况、应急主体的应急功能和任务来描述应急行动的具体实施内容和步骤，要有针对性。

（4）连续性

应急救援活动包括应急准备、初期响应、应急扩大、应急恢复等阶段，是连续的过程。为了指导应急部门或人员能在整个应急过程中发挥其应急作用，现场处置方案必须具有连续性。同时，随着事态的发展，参与应急的组织和人员会发生较大变化，因此还应注意现场处置方案中应急功能的连续性。

2. 现场处置方案内容

现场处置方案的主要内容包括：事故特征、应急组织与职责、应急处置、注意事项四个部分。具体内容如下：

（1）事故特征包括：

①危险性分析，可能发生的事故类型。

②事故发生的区域、地点或装置的名称。

③事故可能发生的季节和造成的危害程度。

④事故前可能出现的征兆。

（2）应急组织与职责包括：

①基层单位应急自救组织形式及人员构成情况。

②应急自救组织机构、人员的具体职责，应同单位或车间、班组人员工作职责紧密结合，明确相关岗位和人员的应急工作职责。

（3）应急处置内容包括：

①事故应急处置程序。根据可能发生的事故类别及现场情况，明确事故报警、各项应急措施启动、应急救护人员的引导、事故扩大及同企业应急预案的衔接的程序。

②现场应急处置措施。针对可能发生的火灾、爆炸、危险化学品泄漏、坍塌、水患、机动车辆伤害等，从操作措施、工艺流程、现场处置、事故控制、人员救护、消防、现场恢复等方面制定明确的应急处置措施。

③报警电话及上级管理部门、相关应急救援单位联络方式和联系人员，事故报告基本要求和内容。

（4）注意事项包括：

佩戴个人防护器具、使用抢险救援器材、采取救援对策或措施、现场自救和互救、现场应急处置能力确认和人员安全防护、应急救援结束后和其他需要特别警示的事项。

3. 现场处置方案编制

（1）现场处置方案的编制程序

现场处置方案的编制是生产经营单位建立应急预案体系的重要部分，在满足整个应急预案体系的编制要求和时间进度安排的前提下，按照如下步骤进行现场处置方案的编制。

①成立现场处置方案编制小组，进行人员培训。由于现场处置方案涉及各个应急部门、人员和所有的应急功能，因此，现场处置方案编制小组的人员覆盖面要尽量广，应包括领导层的有关领导、负责应急的有关应急部门的代表、各个专业的技术人员、专家以及关键应急岗位人员。同时，应对小组成员进行培训，使其了解和掌握现场处置方案的目的和作用、基本要求及编制的内容、格式等要求，为顺利编制现场处置方案奠定基础。

②收集和分析资料，策划现场处置方案框架。在编制现场处置方案前，应收集相关资料，包括应急方面的法律法规和标准、规范、应急组织机构设置、应急职责分配、危险源与风险分析的结果、应急能力评估结果、特殊风险应急的基本要求、内部和外部救援力量等。对收集的资料进行分析整理，并结合企业的管理模式和应急的运行方式进行现场处置方案框架策划，确定编制的现场处置方案目录、主要内容、格式等。

③编制小组内部分工，进行现场处置方案编制。结合现场处置方案编制小组人员各自承担的应急职责、专业背景等，进行现场处置方案编制任务分工。如果一个现场处置方案涉及两个或两个以上部门，可由一个部门为主牵头进行编制，便于协调。编制小组人员按照确定的要求、内容、应急处置流程和格式进行编写。

④现场处置方案评审、修改。编制完的现场处置方案应由编制小组组长、各部门领导、专家以及公司领导进行逐级评审，由编制人员按照评审意见进行修改并完善。

⑤现场处置方案定稿、发布。最终修订的现场处置方案定稿后，应由企业主要负责人审批发布，要求企业内部全体员工都遵照实施。

编制完成的现场处置方案应进行定期或不定期的演习、评审，不断进行修订，以满足企业内部和外部的各种变化，确保现场处置方案持续有效、不断改进。

（2）现场处置方案的基本格式

现场处置方案没有严格固定的标准格式，但为了有利于方案的衔接、管理和实施，在编制现场处置方案时企业应尽量统一格式。本书通过实践，借鉴了一些企业好的做法，总结了以下的现场处置方案格式，以供参考。

示例：×××现场处置方案

①事故特征。

②应急组织与职责。

③应急处置。

④注意事项。

⑤其他。

上述现场处置方案的"其他"可以包括：应急物资和资源的保障、现场处置方案的管理要求、现场恢复、一些支持性的附件／附录，如事故后果模拟计算结果、涉及的危险化学品的危险特性、区域或场所的平面布置图等。

（3）现场处置方案的策划

现场处置方案应结合生成经营单位的事故类别、危险源的具体情况和作业场所的布置情况，策划本单位需要编制的现场处置方案。

现场处置方案可以针对某一装置／设施或场所潜在的事故或紧急情况编制现场处置方案。例如，油库可以结合自身实际情况编制以下现场处置方案：油罐区泄漏现场处置方案，油区火灾、爆炸事故现场处置方案，油灌装设施泄漏现场处置方案，油管线泄漏现场处置方案，变配电室电气故障现场处置方案。

此外，生产经营单位也可以结合本单位的岗位应急职责或应急功能设置情况，编制某岗位或班组的现场处置方案。例如，油库可按照应急职责和功能编制现场处置方案：灌区巡检／管理人员现场处置方案、灌装工现场处置方案、设备维修工现场处置方案、电工现场处置方案，但不仅限于此。

每一个现场处置方案编制的时候，应充分考虑应急功能的相关要求，并将其要求结合现场处置实际情况，落实到现场处置方案中。现场处置方案中应考虑的应急功能主要包括：报警、接警与通知，应急指挥，警报和紧急公告，通信联络，警戒、治安与交通管制，事态监测与评估，应急物资和设备设施供应，人群疏散、安置，医疗救护，消防及工程抢险，泄漏物控制，公共信息发布，应急结束与恢复，事故处理与善后等。

（4）现场处置方案的审核

现场处置方案编制完成后，应组织有关部门及单位领导进行现场处置方案的审核，定稿后发布。

借鉴一些优秀公司在应急工作方面的成果经验，应急行动检查表可以用于对现场处置方案的审核，确定该现场处置方案编制的内容是否完善、是否全面。同时应急行动检查表将应急任务按照应急的流程和步骤在检查表中进行描述，一旦出现紧急情况，可为应急人员提供详细的指导，即可对照应急行动检查表中的事项逐一实施，避免出现应急任务遗漏或差错。应急行动检查表可以做成卡片式，便于携带和使用。

通用应急行动检查表包括的一般信息如下：

应急准备阶段：

①应急部门、人员的安排，明确各自的应急职责和任务。

②制定、评审并更新本现场处置方案。

③有关人员的应急知识和技能的教育、培训。

④识别、准备并核对应急所需的设备、设施、物资，包括检测仪表等。

⑤准备应急时使用的通信联络名单等资料。

⑥与其他应急组织或部门、人员协作、协调、配合的沟通和交流。

初始响应阶段：

①如何获得紧急情况或事故情况的警报或紧急公告。

②如何召集有关人员到位实施应急活动。

③根据自身的应急职责如何判断危害状况及所需要采取的具体措施。

④应携带或使用哪些应急设备、设施和物资，包括个体防护装备。

⑤如何与指挥人员或应急功能负责人及时联络沟通。

扩大应急阶段：

①如何获取或知道扩大应急。

②如何与指挥中心及其他相关部门、人员进行紧急联络。

③扩大应急阶段需要采取的应急行动。

④与外部救援队伍的联络、配合。

⑤如何确保应急人员的安全。

⑥在必要时根据指挥的指令进行疏散。

恢复阶段：

①如何明确应急结束，进入恢复阶段。

②识别事故现场的残余危害。

③实施恢复阶段承担的恢复行动。

④进行应急设备、设施等的清点、清理、维护和保养。

⑤评价现场处置方案的有效性并在授权范围内进行修改。

每一应急行动检查表除了包括一般性信息外，还有各自不同的应急作用和特点。

第四节 应急预案编制

应急预案编制是应急救援工作的核心内容之一，是开展应急救援工作的重要保障。我国政府近年来相继颁布的一系列法律法规，如《中华人民共和国安全生产法》《中华人民共和国突发事件应对法》《中华人民共和国职业病防治法》、《危险化学品安全管理条例》《特种设备安全监察条例》《使用有毒物品作业场所劳动保护条例》《生产安全事故报告和调查处理条例》等，对安全生产事故应急预案的编制提出了相应的要求，是各级政府、企事业单位编制应急预案的法律法规基础。

一、应急预案编制的基本要求

应急预案的制定是应急管理的核心环节之一。生产经营单位安全生产事故应急预案的实用性和可操作性直接关系到生产经营单位发生事故时，能否及时得到控制和救治，生产经营单位安全生产事故应急预案的体系建设和编写质量直接影响应急资源的充分利用和重大事故的及时处理，对于消除事故隐患，有效控制重大事故发生，减少事故危害和财产损失，保护环境，保障劳动者安全与健康具有重大意义。

生产经营单位安全生产事故应急预案内容粗略，操作性不强，相关预案衔接不够是目前存在的主要问题。为规范和指导生产经营单位安全生产事故应急预案编写工作的开展，提高生产经营单位安全生产应急预案编写质量，国家安全生产监督管理总局第17号令《生产安全事故应急预案管理办法》中提出了编制应急预案的基本要求：①符合有关法律、法规、规章和标准的规定；②结合本地区、本部门、本单位的安全生产实际情况；③结合本地区、本部门、本单位的危险性分析情况；④应急组织和人员的职责分工明确，并有具体的落实措施；⑤有明确、具体的事故预防措施和应急程序，并与其应急能力相适应；⑥有明确的应急保障措施，并能满足本地区、本部门、本单位的应急工作要求；⑦预案基本要素齐全、完整，预案附件提供的信息准确；⑧预案内容与相关应急预案相互衔接。

具体来说，不仅仅是应急预案的编制要遵循一定的编制程序，同时应急预案内容也应满足以下要求：

1. 科学性

应急预案是应对处置突发事件的行动指南，其内容应当具有相当的科学性，表述清晰准确，逻辑系统严密，措施严谨科学。

（1）系统

应急预案应当完整包括突发事件事前、事发、事中、事后各个环节，明确各个进程中所做的工作，谁来做，怎样做，何时做，逻辑结构要严密，层层递进，让人一看就懂；各级各类应急预案相互之间也应有序衔接，构成一个完整体系。起草应急预案时，各级、各部门、各单位一定要密切联系，加强沟通，确保应急预案的严密性和系统性。

（2）权威

制定完善的应急预案要符合党和国家的方针政策，坚持依法办事，符合有关法律、法规、规章，依法规范，使应急预案有法律依据'具有权威性。要明确应急管理体系、组织指挥机构以及职责、任务等一系列行政性管理规定，确保应对工作达到统一和高效。

（3）科学

应对处置突发事件是一项复杂而系统的工程，不同类型的突发事件涉及不同门类的专科知识；同一类型突发事件由于时空等具体条件的不同，处置措施也不尽相同。必须在全面调查研究的基础上，开展分析论证，制定出科学的处置方案，使应急预案建立在科学的基础上，严密统一、协调有序、高效快捷地应对突发事件。

2. 针对性

各级各类应急预案的作用和功能是不尽相同的。编制应急预案应当注重针对性，有的放矢，针对具体情况及所要达到的目的和功能来组织编制应急预案。如果照搬照抄，制定的应急预案必然是华而不实，一纸空文。

（1）结合实际

一旦发生突发事件，应急预案必须既能用，又管用。因此，一定要从实际出发，切记生搬硬套。各地、各部门、各单位在编制应急预案时，在具体内容、操作程序、行动方案上一般不作统一规定，要针对本地、本部门、本单位突发事件的现状和趋势进行深入细致的调查研究，从中发现和抓住处置突发事件的规律和特点，突出重点。

（2）吸收借鉴

一方面，研究上级应急预案精神和要点，吸收其精华，尽量在框架体系、主要内容上与国家应急预案对接，做到上下衔接；学习各地各部门应急预案，吸收他人的成功经验，借鉴别人的有效做法；有条件的，还可以吸取和借鉴国外的有益做法和经验。另一方面，研究过去突发事件应对案例，从成功经验或者失败教训中分析比较，从中归纳出符合实际、行之有效的做法，并把好的做法以及经验习惯提炼上升为科学、规范的应急预案，使之更具有针对性、实效性。

（3）区别对待

不同类别应急预案的作用和功能不同，在编制时应当有所侧重，避免"千篇一律"。一般来说，政府总体应急预案应当体现在"原则指导"上；专项应急预案应当体现在"专业应对"上；部门应急预案应体现在"职能部门"上；基层单位应急预案应当体现在"具体处置"上；重大活动应急预案应当体现在"预防措施"上。

3. 可操作性

应急预案不是用来应付上级检查的，更不是管理者用来推卸责任的，而是关键时候用来解决问题的。应急预案必须能用、管用，质量高，具有很强的现实可操作性。

（1）明确

应急预案内容一般都涉及预防应对、善后处理、责任奖惩等具体问题，文本必须准确无误、表述清楚。在描述突发事件事前、事中、事后的各个环节中，对所有问题都应有明确、充分的阐述，不能模棱两可，产生歧义。每个应急预案的分类分级标准尽可能量化，职能职责定位尽可能具体，避免在应急预案应用中出现职责不清、推诿扯皮等情况。突发事件的发展扩散往往瞬息万变，如果因为应急预案规定不清楚而造成应急救援行动无法协调一致，延误最佳处置时机，后果将会很严重。

（2）实用

编制应急预案要实事求是、实际管用，要始终把握关键环节，例如，只写以现有能力和资源为基础能做到的，不写未来建设目标、规划内容等做不到的；从实际出发设置组织指挥体系，与应急处置工作相适应，不强求千篇一律；根据实际情况确定应急响应级别，不强求上下一致等。

（3）精练

编制应急预案要坚持文字"少而精"，内容上不面面俱到，文字上不贪多求全，力求主题鲜明、内容翔实、结构严谨、表述准确、文字简练、篇幅简短。凡是与应急预案主题无关的内容不写，一切官话、套话、空话、废话均应去掉，做到言简意赅。

4. 规范性

编制应急预案要在程序、体例格式等方面力求规范、标准。

（1）编制程序要规范

编制应急预案一定要遵循程序，特别是政府的总体、专项和部门应急预案，在应急预案体系中占有主体地位，更应当规范编制程序。一般要制定《应急预案编制管理办法》，从立项、起草、审批、印发、备案等程序对编制应急预案做出规定，对应急预案的更新、修订进行要求，对应急预案的宣传、培训、演练等动态管理内容提出指导性意见。

（2）内容结构要规范

应急预案文本虽然没有固定格式，但基本内容无外乎总则、组织指挥体系、预警预防机制、应急响应、善后工作、应急保障、监督管理、附则等方面。编制应急预案时，一般要对结构框架、呈报手续、体例格式、字体字号、相关附件等进行规范。在应急预案拟写方面，从应急预案内容、政策规定、部门协调、行文规范等提出严格要求；呈报手续方面，规定应急预案需附主办部门请示、部门专家意见、上级机关相关应急预案以及有关资料等；体例格式方面，从格式、字体、用纸等方面进行规范。这样，编制应急预案既能确保体系内容的完整性，又可提高编制效率。

（3）体例格式要规范

应急预案编制应当基本统一体例格式标准，如对应急预案中涉及的单位名称规定用全称或规范化简称；正文中序号按国家总体应急预案序号层次排列，最高为三个层次，超过的用括号区别；附件应当附有与应急预案相关的重要文件或者有关补充内容等。

二、应急预案编制的步骤

根据《生产经营单位安全生产事故应急预案编制导则》的相关规定，应急预案的编制程序可分为以下六个步骤，应急预案的编制流程如图7-4所示。

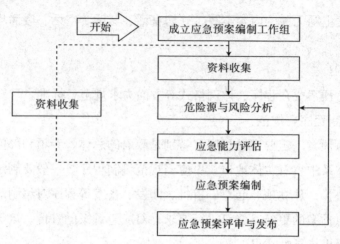

图7-4 应急预案编制流程

（1）成立应急预案编制工作组

结合本单位部门职能分工，成立以单位主要负责人为领导的应急预案编制工作组，明确编制任务、职责分工，制订工作计划。

（2）资料收集

收集应急预案编制所需的各种资料，包括相关法律法规、应急预案、技术标准、国内外同行业事故案例分析、本单位技术资料等。

（3）危险源与风险分析

在危险因素分析及事故隐患排查、治理的基础上，确定本单位可能发生事故的危险源、事故的类型和后果，进行事故风险分析，并指出事故可能产生的次生、衍生事故，形成分析报告，分析结果作为应急预案的编制依据。

（4）应急能力评估

对本单位应急装备、应急队伍等应急能力进行评估，并结合本单位实际，加强应急能力建设。

（5）应急预案编制

针对可能发生的事故，按照有关规定和要求编制应急预案。应急预案编制过程中，应注重全体人员的参与和培训，使所有与事故有关人员均掌握危险源的危险性、应急处置方案和技能。应急预案应充分利用社会应急资源，与地方政府预案、上级主管单位以及相关部门的预案相衔接。

（6）应急预案评审与发布

应急预案编制完成后，应进行评审。评审由本单位主要负责人组织有关部门和人员进行。

外部评审由上级主管部门或地方政府负责安全管理的部门组织审查。评审后，按规定报有关部门备案，并经生产经营单位主要负责人签署发布。

三、应急预案的主要内容

1. 应急预案的核心要素

应急预案是整个应急管理工作的具体反映，它的内容不仅限于事故发生过程中的应急响应和救援措施，还应包括事故发生前的应急准备和事故发生后的紧急恢复以及预案的管理和更新等。因此，应急预案的核心要素有以下几项：

（1）方针与原则

它是开展应急救援工作的纲领。

①阐明应对工作的方针与原则，如保护人员安全优先，防止和控制事故蔓延，保护环境，以及预防为主、常备不懈、高效协调和持续改进的思想。应急预案编制的原则，应简明扼要，明确具体(如以人为本、安全第一，统一领导、分级负责，资源共享、协同应对，依靠科学、依法规范，反应快捷、措施果断，预防为主、平战结合等)。

②列出应急预案所针对的突发事件(或紧急情况)类型、适用的范围、救援目标等。

（2）应急策划

①危险辨识与评价。包括：确认可能发生的突发事件的类型、地点；确定突发事件的影响范围及可能影响的人数；重大危险源的数量及分布；根据突发事件的种类和后果严重程度，确定应急预案编制的级别；获取地理、人文(人口)、地质、气象等信息，城市布局及交通情况；可能影响应急救援的不利因素等；形成附件。

②应急资源评价。分析和评价目前相关部门(单位)和社会应急活动中可以使用或可以调动的各种资源，包括应急力量(人员)、应急设备(施)、物资等。如，基本应急装备：通信、交通、照明、防护等工具；专用应急救援装备：消防、医疗、应急发电、大型机械等。最后，形成附件。

③应急机构与职责。包括：明确应对过程中各个特定任务的负责机构及职责；明确应急处置负责人和各部门负责人及职责；本区域以外能提供援助的有关

机构的职责；明确政府和有关单位在应急处置中的职责；形成附件。

④应急机制。按突发事件的严重程度建立分级响应机制和程序。统一领导、统一指挥、分级响应、资源共享、全体参与。预测预警机制、应急决策协调机制、应急沟通协调机制、应急社会动员机制、应急资源征用机制、责任追究机制等。对各应急机构的应急行动与协调活动进行总体规划并建立有效的工作机制。

⑤法律法规要求。包括：明确列出涉及应急救援要求的相关法律法规、规范性文件等；形成附件。

（3）应急准备

①应急设备、设施、物资。包括：准备用于应急救援的机械与设备、监测仪器、材料、交通工具、个体防护设备、医疗设备、办公室等保障物资；列出有关部门(单位)，如武警、消防、卫生、防疫等部门可用的应急设备；定期检查与更新；列出存放地点及获取方法；形成附件。

②应急人员的培训。包括：应急人员进行有针对性的培训，并确保合格上岗；描述每年的培训计划；描述对现场应急人员进行培训的频度、程度等。

③应急预案演练。包括：表述应急预案演练的目的；制订每年的演练计划；有关单位参加应急预案演练；描述对演练结果的评价，发现应急预案存在的问题并加以解决。

④公众教育。包括：周期性宣传提高安全意识的方法与措施；宣传潜在危险的性质、疏散路线、报警和自救方法，了解各种警报的含义、应急救援的有关程序的知识。

⑤互助协议。包括：描述与邻近企业、消防、医疗、检测、武警、邻近城市或地区建立的互助协议；社会专业技术服务机构、物资供应企业的互助协议；形成附件。

（4）应急响应

①报警程序(由下到上)。事发现场的每个公民都有报警的义务，因此要明确报警方式(如电话、警报器等)、报警内容，以便报警规范化。包括：确定接警的机构及原则；确定24小时与政府主管部门的通信、联络方式；制定报警信息单，详细记录事故情况，如事发地点、突发事件类型、危险物质、伤亡情况、影响范围、事态控制情况等。

②警报和紧急公告(由上到下)。包括：警报和紧急公告的机构和标准原则；

明确授权发布警报和紧急公告的机构和负责人；明确向公众报警的标准、方式、信号等，明确各种警报信号的不同含义，协调警报器的使用及每个警报器所覆盖的地理区域等；重要的公告信息(包括健康危险、自我保护、疏散路线、医院等)；特殊情况下警报的盲区、特殊需要的人群及地点、使用机动方式协助发出警报或逐家通报等；制定标准化或填空式公告样本。

③指挥与控制。包括：建立协调总指挥、现场应急抢险指挥；建立现场指挥、协调和决策程序，对突发事件进行初始评估，确认紧急状态，有效地确认响应级别(I级、Ⅱ级、Ⅲ级响应等)和抢险救援行动指令；确定重点保护区域的应急行动的优先原则；指挥和协调现场各救援队伍的救援行动；合理高效地使用应急资源等。

④通信。包括：在应急救援过程中应当保证各部门通信畅通；规定所需的各类通信设施，确保通信器材完好；维护通信系统；设立备用通信系统。

⑤人群疏散与安置。包括：确定实施疏散的紧急情况；明确发布疏散居民指令的机构和负责人；预防性疏散准备、疏散区域、疏散距离、疏散路线、疏散运输工具、避难场所的规定；应当考虑疏散人群的数量，需要疏散的时间，可利用的时间、风向等环境变化，老弱病残等特殊人群的疏散问题等；做好疏散人群的生活安置、保障条件；明确负责执行和核实疏散居民(包括通告、运输、交通管制、警戒)的机构；核查疏散人数，记录疏散情况；临时安置场所的管理和运转负责部门；临时安置场所的食品、水电、医疗、消毒、治安等安排；临时安置场所的标志。

⑥警戒与治安。包括：确定警戒的机构和职责；制定事故现场警戒和管制程序；交通管制、路口封锁、指挥中心警戒、事故现场警戒；制定对特殊设施和人群的安全保护措施(如学校、幼儿园、残疾人等)；确定决定终止保护措施的情况和规定。

⑦医疗与卫生服务。包括：医疗资源的数量；规定紧急医疗服务的组织，伤员的分类救护和转送方法；抢救药品，医疗器械，消毒、解毒药品等；急救点设置，化学品受伤和疾病感染人员的隔离、净化和治疗；死亡认定与处置，医疗人员应当经过培训并掌握对受伤人员的正确治疗方法等。

⑧现场监测(事态监测)。建立对事发现场监测和评估的程序，为现场的救援决策提供支持。现场监测包括事件的规模，事态的发展趋向，伤亡情况，食物、

水源，环境卫生污染监测等。

⑨现场抢救与控制。包括：现场抢救的目标和原则；现场抢险的操作程序；现场抢险人员的要求；现场抢险的物资、设备的要求。针对特殊的风险，如危险化学品事故、火灾等，需用进一步详细的抢险程序和方案，包括使用特殊的应急救援人员、专家、技术、方法、材料、设备等手段，以达到控制和消除事故的目的。

⑩应急人员安全。为保证应急人员在抢险中免受伤害，应当建立进入和离开事发现场的相关程序，保证其安全。包括：进入和离开现场的标准程序；进入和离开现场的报告规定；进入和离开现场的登记规定；应急救援人员的清点规定；消毒程序；安全与卫生设备的正确配备；个人安全预防措施等。

⑪环境保护。包括：对于可能对环境造成严重影响的重大事故，应当建立环境保护程序；拟定控制环境污染扩大的方案；及时清除污染；对环境污染水平的监测；对于可能对公众健康造成损害的污染进行通告等。

⑫信息发布管理。包括：明确应急救援过程中与媒体和公众接触的机构和发言人，准确发布突发事件信息；明确信息发布的审核、批准程序和格式；准确通告突发事件发生、救援及人员伤亡的情况；为公众了解防护措施等有关问题提供咨询服务。

⑬应急资源管理。应当制定应急救援过程中各种应急救援资源供给程序，保证应急救援资源及时合理地调配与高效使用。包括：应急救援资源供给的机构；应急救援资源调用指令的响应；应急救援资源供给的记录；应急救援资源快速运抵现场的要求；应急救援设备的及时回收与清点等。

（5）现场恢复与事故调查

①明确决定终止应急响应，恢复正常秩序的机构和负责人。

②宣布应急响应终止的程序。

③恢复正常状态的程序。

④现场清理和环境影响区域的污染消除与连续检测要求。

⑤事故调查与后果评价。

（6）预案管理与评审改进

对预案的制定、修改、更新、批准和发布做出明确的管理规定，并保证定期或在应急演练、应急救援后对应急预案进行评审，针对实际情况的变化以及预案中所暴露出的缺陷，不断地更新、完善和改进应急预案文件体系，以保证应急预案的及时更新和实效性，一般包括以下内容：

①应急人员的身份和电话。

②应急组织机构。

③应急资源的变更。

④根据演练中发现和存在的问题，不断修订、完善应急预案。

应急预案的六个一级要素之间既具有一定的独立性，又紧密联系，从应急的方针、策划、准备、响应、恢复到预案的管理与评审改进，形成了一个有机联系并持续改进的应急管理体系。根据一级要素中所包括的任务和功能，应急策划、应急准备和应急响应三个一级关键要素，可进一步划分成若干个二级要素。所有这些要素构成了重大事故应急预案的核心要素，这些要素是重大事故应急预案编制应当涉及的基本方面。在实际编制时，根据企业的风险和实际情况的需要，也为便于预案内容的组织，可对要素进行合并、增加、重新排列或适当的删减等。这些要素在应急过程中也可视为应急功能。

2. 应急预案的主要内容

应急预案的主要内容基本都是围绕应急预案的核心要素展开的，完整的应急预案主要包括六个方面的内容。

（1）应急预案概况

应急预案概况主要描述生产经营单位概况以及危险特性状况等，同时对紧急情况下应急事件、适用范围提供简述并作必要说明，如明确应急方针与原则，作为开展应急救援工作的纲领。

（2）预防程序

预防程序是对潜在事故、可能的次生与衍生事故进行分析并说明所采取的预防和控制事故的措施。

（3）准备程序

准备程序应说明应急行动前所需采取的准备工作，包括应急组织及其职责权限、应急队伍建设和人员培训、应急物资的准备、预案的演练、公众的应急知识培训、签订互助协议等。

（4）应急程序

在应急救援过程中，存在一些必需的核心功能和任务，如接警与通知、指挥与控制、警报和紧急公告、通信、事态监测与评估、警戒与治安、人群疏散与安置、医疗与卫生、公共关系、应急人员安全、消防和抢险、泄漏物控制等，无论何种应急过程都必须围绕上述功能和任务开展。

应急程序主要指实施上述核心功能和任务的程序和步骤。

①接警与通知。准确了解事故的性质、规模等初始信息是决定启动应急救援的关键。接警作为应急响应的第一步，必须对接警要求做出明确规定，保证迅速、准确地向报警人员询问事故现场的重要信息。接警人员接受报警后，应按预先确定的通报程序，迅速向有关应急机构、政府及上级部门发出事故通知，以采取相应的行动。

②指挥与控制。重大安全生产事故应急救援往往需要多个救援机构共同处理，因此，对应急行动的统一指挥和协调是有效开展应急救援的关键。建立统一的应急指挥、协调和决策程序，便于对事故进行初始评估，确认紧急状态，从而迅速有效地进行应急响应决策，建立现场工作区域，确定重点保护区域和应急行动的优先原则，指挥和协调现场各救援队伍开展救援行动，合理高效地调配和使用应急资源等。

③警报和紧急公告。当事故可能影响到周边地区，对周边地区的公众可能造成威胁时，应及时启动警报系统，向公众发出警报，同时通过各种途径向公众发出紧急公告，告知事故性质、对健康的影响、自我保护措施、注意事项等，以保证公众能够及时做出自我保护响应。决定实施疏散时，应通过紧急公告确保公众了解疏散的有关信息，如疏散时间、路线、随身携带物、交通工具及目的地等。

④通信。通信是应急指挥、协调和与外界联系的重要保障，在现场指挥部、应急中心、各应急救援组织、新闻媒体、医院、上级政府和外部救援机构之间，必须建立完善的应急通信网络，在应急救援过程中应始终保持通信网络畅通，并设立备用通信系统。

⑤事态监测与评估。在应急救援过程中必须对事故的发展势态及影响及时进行动态的监测，建立对事故现场及场外的监测和评估程序。事态监测在应急救援中起着非常重要的决策支持作用，其结果不仅是控制事故现场，制定消防、抢险措施的重要决策依据，也是划分现场工作区域、保障现场应急人员安全、实施公众保护措施的重要依据。即使在现场恢复阶段，也应当对现场和环境进行监测。

⑥警戒与治安。为保障现场应急救援工作的顺利开展，在事故现场周围建

立警戒区域，实施交通管制，维护现场治安秩序是十分必要的，其目的是要防止与救援无关人员进入事故现场，保障救援队伍、物资运输、人群疏散等的交通畅通，并避免发生不必要的伤亡。

⑦人群疏散与安置。人群疏散是减少人员伤亡扩大的关键，也是最彻底的应急响应。应当对疏散的紧急情况和决策、预防性疏散准备、疏散区域、疏散距离、疏散路线、疏散运输工具、避难场所以及回迁等做出细致的规定和准备，应考虑疏散人群的数量、所需要的时间、风向等环境变化以及老弱病残等特殊人群的疏散等问题。对已实施临时疏散的人群，要做好临时生活安置，保障必要的水、电、卫生等基本条件。

⑧医疗与卫生。对受伤人员采取及时、有效的现场急救，合理转送医院进行治疗，是减少事故现场人员伤亡的关键。医疗人员必须了解城市主要的危险，并经过培训，掌握对受伤人员进行正确消毒和治疗的方法。

⑨公共关系。重大事故发生后，不可避免地会引起新闻媒体和公众的关注。应将有关事故的信息、影响、救援工作的进展等情况及时向媒体和公众公布，以消除公众的恐慌心理，避免公众的猜疑和不满。应保证事故和救援信息的统一发布，明确事故应急救援过程中对媒体和公众的发言人和信息批准、发布的程序，避免信息的不一致性。同时，还应处理好公众的有关咨询，接待和安抚受害者家属。

⑩应急人员安全。重大事故尤其是涉及危险物质的重大事故的应急救援工作危险性极大，必须对应急人员自身的安全问题进行周密的考虑，包括安全预防措施、个体防护设备、现场安全监测等，明确紧急撤离应急人员的条件和程序，保证应急人员免受事故的伤害。

⑪抢险与救援。抢险与救援是应急救援工作的核心内容之一，其目的是尽快地控制事故的发展，防止事故的蔓延和进一步扩大，从而最终控制住事故，并积极营救事故现场的受害人员。尤其是涉及危险物质的泄漏、火灾事故，其消防和抢险工作的难度和危险性巨大，应对消防和抢险的器材和物资、人员的培训、方法和策略以及现场指挥等做好周密的安排和准备。

⑫危险物质控制。危险物质的泄漏或失控，将可能引发火灾、爆炸或中毒事故，对工人、设备等造成严重威胁。而且，泄漏的危险物质以及夹带了有毒物质的灭火用水，都可能对环境造成重大影响，同时也会给现场救援工作带来更大的

危险。因此，必须对危险物质进行及时有效的控制，如对泄漏物的围堵、收容和洗消，并进行妥善处置。

（5）恢复程序

恢复程序是说明事故现场应急行动结束后所需采取的清除和恢复行动。现场恢复是在事故被控制住后进行的短期恢复，从应急过程来说意味着应急救援工作的结束，并进入 到另一个工作阶段，即将现场恢复到一个基本稳定的状态。经验教训表明，在现场恢复的过程中往往仍存在潜在的危险，如余烬复燃、受损建筑倒塌等，所以，应充分考虑现场恢复过程中的危险，制定恢复程序，防止事故再次发生。

（6）预案管理与评审改进

应急预案是应急救援工作的指导文件。应当对预案的制定、修改、更新、批准和发布做出明确的管理规定，保证定期或在应急演习、应急救援后对应急预案进行评审，针对各种变化的情况以及预案中所暴露出的缺陷，不断地完善应急预案体系。

四、应急预案的相互衔接

1. 应急预案相互衔接的重要性

生产经营单位安全生产事故应急预案是最基层的预案要素，数量庞大，是国家应急预案体系的重要组成部分。生产经营单位应结合本单位的实际情况，分别制定与公司、生产经营单位、车间和岗位相对应的应急预案，形成体系，互相衔接，并且按照统一领导、分级负责、条块结合、属地为主的原则，同地方人民政府和相关部门应急预案相衔接。一旦发生的安全生产事故超出了生产经营单位的厂界或超出本单位自身的应急能力，就需要社会及政府的应急援助。

另外，我国当前的生产经营单位应急救援体系和政府应急救援体系并不能完全独当一面，都有各自的特点和局限性，只有有效衔接才能发挥各自的特点并形成互补、发挥作用。政府应急体系存在着应急救援预案针对性、专业性和现场指导性不强等不足和局限性。而生产经营单位应急救援体系也存在以下四个方面的局限性：

（1）局部性

企业应急体系相对于整个社会的大背景是孤立的和局部的，尤其是危险化学品事故影响到居民、周边其他单位时，企业应急体系难以发挥作用。

（2）企业应急响应能力和应急资源调动能力的有限性

当发生的重特大危险化学品事故超出了企业自身的控制能力时，企业无法启动与之对应的响应等级，也无法调动相应的应急资源。

（3）应急技术支撑的非充分性

对大多数企业而言，其应急体系建设中的技术支撑是不充分的，一旦出现与预案设定不完全相符的紧急情况，企业往往得不到专家的技术支撑，从而造成损失增大、后果加重的情况。

（4）应急信息的非对称性

企业难以全面了解其他单位应急体系的建立与实施情况，在这方面只有依靠政府。而政府应急救援体系也存在着应急救援预案针对性、专业性和现场指导性不强等不足和局限性。

因此，要想做好应急救援工作，就必须做好应急救援预案的衔接工作，以保证在非常态下能够临危不乱、行动迅速。生产经营单位应将应急预案到政府有关部门进行备案，使政府有关部门掌握生产经营单位的应急救援工作情况。同时，生产经营单位应与政府有关部门保持紧密联系，确保应急救援工作能够顺畅开展。与此同时，政府部门的应急预案以生产经营单位的应急预案为基础，政府部门在生产经营单位进行安全生产事故先期处置后，应及时启动政府应急预案，对事故应急救援工作进行指挥、协调、处理等。政府部门应掌握所辖区域内生产经营单位的重大危险源的信息，并指导、监督生产经营单位做好应急救援工作，对生产经营单位的应急预案进行备案，确保生产经营单位的应急预案与政府应急预案有效衔接。

目前，我国的应急预案体系已基本完善，相当数量的应急预案已基本涵盖各个层面和领域，同时还将不断编制实施新的预案。各级政府和生产经营单位要加强对预案编制的指导协调、沟通交流和审核备案工作，更加注重各级各类预案的衔接与配套，形成统一、有机完整的预案体系。已制定各类安全生产应急预案的各地区、各部门和各单位，应持续优化应急预案体系，做好各级、各类相关应急预案的衔接工作。建立起政府与企业、企业与企业、企业与关联单位之间的应急联动机制，通过预案联动、机构联动、资源联动、信息联动，互相救援、互为补充，以便于协调有序地开展应急处置工作，确保应急响应及时迅速。

2. 应急预案相互衔接的方式

根据有关文件精神及要求，解决政府与生产经营单位之间应急预案衔接问题可以从四个方面进行：①应急预案中建立的应急组织机构、职责及相互关系；②应急预案相关的工作制度、运行方式和程序；③规范生产经营单位和政府行为的法律、规章、条例；④应急队伍和装备等。

坚持预防为主、关口前移、重心下移，是做好应急管理工作的基本原则。预防突发事件的发生，是应急管理的本质要求。建立应急预案体系的根本目的，不仅仅是启动应急预案进行应急处置，更为重要的是在常态下发挥应急预案的预防作用，尽可能化解可能导致突发公共事件的风险隐患，最大限度地减少突发公共事件的发生。

因此，结合我国当前应急管理工作的现状，依据政府及政府有关部门关于应急管理的文件，政府与生产经营单位的预案衔接问题，可按照预防与应急并重、常态与非常态相结合的原则进行分解。

（1）常态时(平时)应急预案之间的衔接

①突发安全生产事故应急组织指挥机构

在应急预案体系中，生产经营单位应急组织指挥体系应考虑与政府应急组织指挥体系形成衔接。

生产经营单位应急预案应急指挥部应该结合当地政府应急预案的内容，考虑增加政府相关部门及其负责人的联系方式，以便及时联系。同时，政府预案中应综合考虑生产经营单位的重大危险源，在应急预案应急指挥体系中增加重大危险源厂外应急措施以及可提供大型救援装备的生产经营单位负责人员。

在突发生产安全事故发生后，生产经营单位根据应急预案建立应急处理指挥机构，切实履行先期处置的职责，负责在突发生产安全事故发生初期进行组织和指挥。随着突发生产安全事故的发展，当地政府应当迅速和生产经营单位应急指挥机构一起建立应急处置指挥体系，负责对突发生产安全事故进行统一领导、统一指挥。

②应急物资与装备等的调度和配置

应急资源物资与装备是重大安全生产事故发生后能否成功救援的关键。政府和生产经营单位应急预案应在应急资源与装备等的调度和配置方面形成有效衔接。

根据《国家安全生产事故灾难应急预案》，各专业应急救援队伍和生产经营单位根据实际情况和需要配备必要的应急物资和救援装备。专业应急救援指挥机构应当掌握本专业的特种救援装备情况，各专业队伍按规程配备救援装备。国务院有关部门和县级以上人民政府及其有关部门、生产经营单位，应当建立应急救援设施、设备、救治药品、医疗器械等储备制度，储备必要的应急物资与装备。

当地政府主管部门应当加强突发安全生产事故应急网络建设，配备相应的物资、设施、装备等，保证应急物资、设施、装备等物资储备，提高应对突发安全生产事故的能力。当地政府主管部门应当根据当地风险特点，保证应急物资、设施、装备等物资储备。各级政府应当提供必要的资金，保障应急物资与装备资源储备，将所需经费列入政府财政预算。根据突发安全生产事故应急处理的需要，当地政府主管部门应急指挥机构应当与生产经营单位联动，掌握其具备的物资和资源，并有权在突发安全生产事故发生后调用机关、团体、企事业组织和个人的交通工具、通信工具、场地和建筑物，必要时可以配合有关部门，对人员进行疏散或者隔离，对重点地区进行封锁。

③应急救援队伍的建立和管理

政府和生产经营单位应急预案应在应急救援队伍方面形成衔接。

根据《国家安全生产事故灾难应急预案》，矿山、危险化学品、交通运输等行业或领域的生产经营单位应当依法组建和完善救援队伍。各级、各行业安全生产应急救援机构负责检查并掌握相关应急救援力量的建设和准备情况。

当地政府主管部门应当对当地应急救援队伍的建立提出建议方案，并充分考虑当地生产经营单位的实际情况，积极支持生产经营单位根据自己的危险性组建专兼职的应急救援队伍，同时，当地政府主管部门也应当提出规划，确保队伍类型、水平等符合当地风险特点。一旦应急救援队伍形成体系，当地政府主管部门应当组织对其进行培训，以提高其应急救援能力。

④宣传、培训和演练

政府和生产经营单位应急预案应通过宣传、培训和演练形成衔接。

国务院安委会办公室和有关部门组织应急法律法规和事故预防、避险、避灾、自救、互救常识的宣传工作，各种媒体提供相关支持。地方各级人民政府结合本地实际，负责本地相关宣传、教育工作，提高全民的危机意识。生产经营单位与所在地政府、社区建立互动机制，向周边群众宣传相关应急知识。

有关部门组织各级应急管理机构以及专业救援队伍的相关人员进行上岗前培

训和业务培训。有关部门、单位可根据自身实际情况，做好兼职应急救援队伍的培训，积极组织社会志愿者的培训，提高公众自救、互救能力。地方各级人民政府应将突发公共事件应急管理内容列入行政干部培训的课程。

各专业应急机构每年应至少组织一次安全生产事故灾难应急救援演练。国务院安委会办公室每两年应至少组织一次联合演练。各生产经营单位应当根据自身特点，定期组织本单位的应急救援演练。政府和生产经营单位应根据应急预案要求共同进行应急救援演练。

（2）非常态时（战时）应急预案之间的衔接

①信息报告和沟通

按照属地为主的原则，突发安全生产事故发生后，生产经营单位应当及时向当地政府主管部门报告。生产经营单位和个人对突发安全生产事故不得瞒报、缓报、谎报。在建立突发安全生产事故应急报告机制的同时，还应当建立与当地其他相关机构的信息沟通机制。根据突发安全生产事故的情况，当地政府主管部门应当及时向突发公共事件应急指挥机构报告，并向消防等有关部门通报情况。

②快速应急处理

政府和生产经营单位应当在应急预案体系中建立快速应急处理衔接机制。

突发安全生产事故发生后，生产经营单位应根据应急预案快速反应，进行先期处置，并迅速报告当地政府主管部门。当地政府主管部门接到突发安全生产事故发生的信息报告后，应当组织专家对其进行综合评估，分析、研究突发安全生产事故的后果和可能造成的影响，并根据应急预案中设定的响应条件提出是否启动政府主管部门快速应急处理系统。

③应急处置社会联动

应急预案中应当建立政府和生产经营单位应急处置社会联动机制。

根据《国家安全生产事故灾难应急预案》，地方各级人民政府根据需要动员和组织社会力量参与安全生产事故灾难的应急救援。国务院安委会办公室协调调用事发地以外的有关社会应急力量参与增援时，地方人民政府要为其提供各种必要保障。突发安全生产事故发生后，当地政府主管部门应当与计划、交通、商务、卫生等有关部门紧密配合，协同行动，扎实工作，按照各自职责，为保证突发安全生产事故应急处理所需的物资、装备、医疗、生活以及交通、通信等物质的生产、运输、供应创造良好的社会环境。突发安全生产事故发生期间，当地政府主管部门要与街道、乡镇、居民委员会、村民委员会以及其他职能部门密切配合，做好情报信息的收集和报告、人员疏散隔离、重点地区交通管制工作，并积极向人民群众宣传应对突发安全生产事故的相关知识。

第五节 应急预案管理

安全生产应急预案管理工作是安全生产应急管理工作的重要组成部分，是开展应急救援的一项基础性工作。做好应急预案管理工作是降低事故风险、及时有效地开展应急救援工作的重要保障，是促进安全生产形势稳定好转的重要措施。

近年来，各地区、各有关部门和各类生产经营单位按照党中央、国务院的统一部署和要求，在预案管理方面做了大量工作，安全生产事故应急预案编制工作取得了很大进展，管理水平不断提高。但从整体上看，安全生产事故应急预案管理工作仍有很多不足，主要问题有：预案要素不全、可操作性不强；企业内部上下以及企业预案与政府及相关部门预案相互衔接不够；部分生产经营单位还没有编制安全生产事故应急预案；预案演练工作开展不够等。抓好应急预案的管理工作是有效应对以上问题的重要措施。

应急预案管理工作主要包括应急预案的评审与发布、备案、修订与更新等内容。

一、应急预案评审与发布

应急预案编制完成后，应进行评审。应急预案评审的目的是确保应急预案能反映当地政府或生产经营单位经济、技术发展、应急能力、危险源、危险物品使用、法律及地方性法规、道路建设、人口、应急电话等方面的最新变化，确保应急预案与危险状况相适应。评审后，按规定报有关部门备案，并经生产经营单位主要负责人签署发布。

按照有关规定，应急预案评审应满足以下要求：

（1）地方各级安全生产监督管理部门应当组织有关专家对本部门编制的应急预案进行审定；必要时，可以召开听证会，听取社会有关方面的意见。涉及相关部门职能或者需要有关部门配合的，应当征得有关部门同意。

（2）矿山、建筑施工单位，易燃易爆物品、危险化学品、放射性物品等危险物品的生产、经营、储存、使用单位和中型规模以上的其他生产经营单位，应当组织专家对本单位编制的应急预案进行评审。评审应当形成书面纪要并附有专家名单。

其他生产经营单位应当对本单位编制的应急预案进行论证。

（3）参加应急预案评审的人员应当包括应急预案涉及的政府部门工作人员和有关安全生产及应急管理方面的专家。

评审人员与所评审预案的生产经营单位有利害关系的，应当回避。

（4）应急预案的评审或者论证应当注重应急预案的实用性、基本要素的完整性、预防措施的针对性、组织体系的科学性、响应程序的可操作性、应急保障措施的可行性、应急预案的衔接性等内容。

（5）生产经营单位的应急预案经评审或者论证后，由生产经营单位主要负责人签署公布。

1. 应急预案评审类型

应急预案草案应经过所有要求执行该预案的机构或为应急预案执行提供支持的机构的评审。同时，应急预案作为重大事故应急管理工作的规范文件，一经发布，即具有相当权威性。因此，应急管理部门或编制单位应通过应急预案评审过程不断地更新、完善和改进应急预案文件体系。

根据评审性质、评审人员和评审目标的不同，将评审过程分为内部评审和外部评审两类，见表7-1。

表7-1 应急预案评审类型

评审类型		评审人员	评审目标
内部评审		应急预案编写成员预案涉及所有职能部门人员	（1）确保应急预案职责清晰，程序明确 （2）确保应急预案内容完整
外部评审	同行评审	具备与编制成员类似资格或专业背景的人员	听取同行对应急预案的客观意见
	上级评审	对应急预案负有监督职责的人员或组织机构	对应急预案中要求的资源予以授权,做出相应的承诺
	社区评议	社区公众、媒体	（1）改善应急预案的完整性 （2）促进公众对应急预案的理解 （3）促进应急预案为各社区接受
	政府评审	政府部门组织的有关专家	（1）确认应急预案符合相关法律、法规、规章、标准和上级政府有关规定的要求 （2）确认应急预案与其他预案协调一致 （3）对应急预案进行认可，并予以备案

（1）内部评审

内部评审是指编制小组内部组织的评审。应急预案编制单位应在应急预案初稿编写完成之后，组织编写成员及企业内各职能部门负责人对应急预案内部评审，内部评审不仅要确保语句通畅，更重要的是各职能部门的应急管理职责清晰，应急处置程序明确以及应急预案的完整性。编制小组可以对照检查表检查各自的工作或评审整个应急预案，以获得全面的评估结果，保证各种类型应急预案之间的协调性和一致性。

内部评审工作完成之后，应急预案编制单位可以根据实际情况对预案进行修订。如果涉及外部资源，应进行外部评审。如果不涉及外部资源，根据情况或上级部门的意见而定。

（2）外部评审

外部评审是应急预案编制单位组织本城或外埠同行专家、上级机构、社区及有关政府部门对应急预案进行评议的评审。外部评审的主要作用是确保应急预案中规定的各项权力法治化，确保应急预案被所有部门接受。根据评审人员和评审机构的不同，外部评审可分为同行评审、上级评审、社区评议和政府评审四类。

①同行评审。应急预案经内部评审并修订完成之后，编制单位应邀请具备与编制成员类似资格或专业背景的人员进行同行评审，以便对应急预案提出客观意见。此类人员一般包括：

各类工业企业及管理部门的安全、环保专家，或应急救援服务部门的专家；其他有关应急管理部门或支持部门的专家例如消防部门、公安部门、环保部门和卫生部门的专家；本地区熟悉应急救援工作的其他专家。

②上级评审。上级评审是指由应急预案编制单位将所起草的应急预案交由其上一级组织机构进行的评审，一般在同行评审及相应的修订工作完成之后进行。重大事故应急响应过程中，需要有足够的人力、装备(包括个体防护设备)、财政等资源的支持，所有应急功能(职能)的相关方应确保上述资源保持随时可用状态。实施上级评审的目标是确保有关责任人或组织机构对应急预案中要求的资源予以授权和做出相应的承诺。

③社区评议。社区评议是指在应急预案审批阶段，应急预案编制单位组织公众对应急预案进行评议。公众参与应急预案评审不仅可以改善应急预案的完整性，也有利于促进公众对应急预案的理解，使其被周围各社区正式接受，从而提高对事故的有效预防。

④政府评审。政府评审是指由城市政府部门组织有关专家对编制单位所编写的应急预案实施审查批准，并予以备案的过程。政府对于重大事故应急准备或响应过程的管理不仅体现在应急预案编制上，还应参与应急预案的评审过程。政府评审的目的是确认该应急预案是否符合相关法律、法规、规章、标准和上级政府有关规定的要求，并与其他应急预案协调一致。一般来说，政府部门对应急预案评审后，应通过规范性文件等形式对该应急预案进行认可和备案，例如《中国海上船舶溢油应急计划》规定中国海上船舶溢油应急计划和海区溢油应急计划由国家海事行政主管部门负责组织修订；港口水域溢油应急计划由港口所在地的海事行政主管机构负责组织修订，报告国家海事行政主管部门备案。

2. 评审方法

应急预案评审采取形式评审和要素评审两种方法。形式评审主要用于应急预案备案时的评审工作；要素评审主要用于生产经营单位组织的应急预案评审工作。应急预案评审采用符合、基本符合、不符合三种意见进行判定。对于基本符合和不符合的项目，应给出具体修改意见或建议。

（1）形式评审

依据《生产经营单位安全生产事故应急预案编制导则》和有关行业规范，对应急预案的层次结构、内容格式、语言文字、附件项目以及编制程序等内容进行审查，重点审查应急预案的规范性和编制程序。

（2）要素评审

依据国家有关法律法规、《生产经营单位安全生产事故应急预案编制导则》和有关行业规范，从合法性、完整性、针对性、实用性、科学性、可操作性、衔接性等方面对应急预案进行评审。为细化评审，采用列表方式分别对应急预案的要素进行评审。评审时，将应急预案的要素内容与评审表中所列要素的内容进行对照，判断其是否符合有关要求，指出存在的问题及不足。应急预案要素分为关键要素和一般要素。

关键要素是指应急预案构成要素中必须规范的内容。这些要素涉及生产经营单位日常应急管理及应急救援的关键环节，具体包括危险源辨识与风险评价、组织机构及职责、信息报告与处置、应急响应程序与处置技术等要素。关键要素必须符合生产经营单位实际和有关规定的要求。

一般要素是指应急预案构成要素中可简写或省略的内容。这些要素不涉及生产经营单位日常应急管理及应急救援的关键环节，具体包括应急预案的编制目的、编制依据、适用范围、工作原则、单位概况等要素。

3. 评审程序

应急预案编制完成后，生产经营单位应在广泛征求意见的基础上，对应急预案进行评审。

（1）评审准备

成立应急预案评审工作组，落实参加评审的单位或人员，将应急预案及有关资料在评审前送达参加评审的单位或人员。

（2）组织评审

评审工作应由生产经营单位主要负责人或主管安全生产工作的负责人主持，参加应急预案评审的人员应符合《生产安全事故应急预案管理办法》的要求。生产经营规模小、人员少的单位，可以采取演练的方式对应急预案进行论证，必要时应邀请相关主管部门或安全管理人员参加。应急预案评审工作组讨论并提出评审意见。

（3）修订完善

生产经营单位应认真分析研究评审意见，按照评审意见对应急预案进行修订和完善。评审意见要求重新组织评审的，生产经营单位应组织有关部门对应急预案重新进行评审。

（4）批准印发

生产经营单位的应急预案经评审或论证，符合要求的，由生产经营单位主要负责人签发。

4. 评审要点

应急预案评审应坚持实事求是的工作原则，结合生产经营单位工作实际，按照《生产经营单位安全生产事故应急预案编制导则》和有关行业规范，从以下七个方面进行评审。

（1）合法性

符合有关法律、法规、规章和标准，以及有关部门和上级单位规范性文件的要求。

（2）完整性

具备《生产经营单位安全生产事故应急预案编制导则》所规定的各项要素。

（3）针对性

紧密结合本单位危险源辨识与风险分析。

（4）实用性

切合本单位工作实际，与安全生产事故应急处置能力相适应。

（5）科学性

组织体系、信息报送、处置方案等内容科学合理。

（6）操作性

应急响应程序、保障措施等内容切实可行。

（7）衔接性

综合、专项应急预案和现场处置方案形成体系，并与相关部门或单位应急预案相衔接。

二、应急预案备案

应急预案的备案管理是提高应急预案编写质量，规范预案管理，解决预案相互衔接的重要措施之一。有关应急预案备案的规定如下：

（1）地方各级安全生产监督管理部门的应急预案，应当报同级人民政府和上一级安全生产监督管理部门备案。其他负有安全生产监督管理职责的部门的应急预案，应当抄送同级安全生产监督管理部门。

（2）中央管理的总公司(总厂、集团公司、上市公司)的综合应急预案和专项应急预案，报国务院国有资产监督管理部门、国务院安全生产监督管理部门和国务院有关主管部门备案；其所属单位的应急预案分别抄送所在地的省、自治区、直辖市或者设区的市人民政府安全生产监督管理部门和有关主管部门备案。

此外的其他生产经营单位中涉及实行安全生产许可的，其综合应急预案和专项应急预案，按照隶属关系报所在地县级以上地方人民政府安全生产监督管理部门和有关主管部门备案；未实行安全生产许可的，其综合应急预案和专项应急预案的备案，由省、自治区、直辖市人民政府安全生产监督管理部门确定。

煤矿企业的综合应急预案和专项应急预案除报安全生产监督管理部门和有关主管部门备案外，还应当抄报所在地的煤矿安全监察机构。

（3）生产经营单位申请应急预案备案，应当提交以下材料：应急预案备案申请表；应急预案评审或者论证意见；应急预案文本及电子文档。

（4）受理备案登记的安全生产监督管理部门应当对应急预案进行形式审查，经审查符合要求的，予以备案并出具应急预案备案登记表；不符合要求的，不予备案并说明理由。

对于实行安全生产许可的生产经营单位，已经进行应急预案备案登记的，在申请安全生产许可证时，可以不提供相应的应急预案，仅提供应急预案备案登记表。

（5）各级安全生产监督管理部门应当指导、督促检查生产经营单位做好应急预案的备案登记工作，建立应急预案备案登记建档制度。

三、应急预案修订与更新

安全生产应急预案必须与生产经营单位规模、危险等级及应急准备等状况相一致。随着社会、经济和环境的变化，应急预案中包含的信息可能会发生变化。因此，应急组织或应急管理机构应定期或根据实际需要对应急预案进行评审、检验、更新和完善，以便及时更换变化过时的信息，并解决演练、实施中反映出的问题。应急预案管理部门应根据有关规定及时进行应急预案的修订与更新，主要内容如下：

（1）地方各级安全生产监督管理部门制定的应急预案，应当根据预案演练、机构变化等情况适时修订。生产经营单位制定的应急预案应当至少每三年修订一次，预案修订情况应有记录并归档。

（2）有下列情形之一的，应急预案应当及时修订。

①生产经营单位因兼并、重组、转制等导致隶属关系、经营方式、法定代表人发生变化的。

②生产经营单位生产工艺和技术发生变化的。

③周围环境发生变化，形成新的重大危险源的。

④应急组织指挥体系或者职责已经调整的。

⑤依据的法律、法规、规章和标准发生变化的。

⑥应急预案演练评估报告要求修订的。

⑦应急预案管理部门要求修订的。

（3）生产经营单位应当及时向有关部门或者单位报告应急预案的修订情况，并按照有关应急预案报备程序重新备案。

应急预案管理部门应根据应急预案评审的结果、应急演练的结果及日常发现的问题，组织人员对应急预案修订、更新，以确保应急预案的持续适宜性。同时，修订、更新的应急预案应通过有关负责人员的认可，并及时进行发布和备案。

附录：安全生产法律制度

附录一　安全生产适用法律制度

一、安全生产"三同时"制度

（一）什么是安全生产"三同时"

安全生产"三同时"，是指建设项目的安全设施与主体工程必须"同时设计、同时施工、同时投入生产和使用"。

《中华人民共和国安全生产法》规定，生产经营单位新建、改建、扩建工程项目的安全设施，必须与主体工程同时设计、同时施工、同时投入生产和使用。《职业病防治法》规定，建设项目的职业病防护设施所需费用应当纳入项目工程预算，并与主体工程同时设计、同时施工、同时投入生产和使用。《建设项目安全设施"三同时"监督管理暂行办法》指出，建设项目安全设施是指生产经营单位在生产经营活动中用于预防生产安全事故的设备、设施、装置、构(建)筑物和其他技术措施的总称。

（二）"三同时"制度的由来

"三同时"制度最早是在我国环境保护领域提出的。1972年，《国家计委、国家建委关于官厅水库污染情况和解决意见的报告》中第一次提出了"工厂建设和三废利用工程要同时设计、同时施工、同时投产"的要求。1973年，《关于保护和改善环境的若干规定》也有同样的规定。1979年，《中华人民共和国环境保护法(试行)》规定，在进行新建、改建和扩建工程时，其中防止污染和其他公害的设施，必须与主体工程同时设计、同时施工、同时投产。在此基础上，《中华人民共和国安全生产法》对建设项目的安全设施规定了"三同时"制度。

"三同时"制度充分体现了安全生产管理中安全第一的思想。

（三）"三同时"制度的具体规定

"三同时"制度，涉及建设项目安全生产条件论证、预评价、安全设施设计审查、施工和竣工验收等方面，《建设项目安全设施"三同时"监督管理暂行办法》做出了具体规定：

1. 安全条件论证与安全预评价

（1）适用范围

纳入监督管理的建设项目在进行可行性研究时，必须进行安全生产条件论证和安全预评价，这些项目主要有：非煤矿山建设项目，生产、储存危险化学品的建设项目，生产、储存烟花爆竹的建设项目，化工、冶金、有色、建材、机械、轻工、纺织、烟草、商贸、军工、公路、水运、轨道交通、电力等行业的国家和省级重点建设项目，法律、行政法规和国务院规定的其他建设项目。

（2）安全生产条件论证

生产经营单位在对建设项目进行安全条件论证时，应当编制安全条件论证报告。安全条件论证报告应当包括法定内容。

（3）安全预评价

生产经营单位应当委托具有资质的评价机构，对其建设项目进行安全预评价，并编制安全预评价报告。

2. 建设项目安全设施设计审查

（1）安全设施设计

在建设项目初步设计时，生产经营单位应当委托有相应资质的设计单位对项目安全设施依法(标准)进行设计，编制安全专篇。

（2）高危建设项目安全设施设计审查

非煤矿山项目、生产储存危险化学品的项目、生产储存烟花爆竹的项目等高危建设项目，安全设施设计完成后，生产经营单位应当按照建设项目"三同时"安全生产监督管理权限划分的规定，向安全生产监督管理部门提出审查申请，并提交规定的文件资料。

（3）国家、省级重点建设项目安全设施设计备案

对国家、省级重点建设项目安全设施设计要实行备案管理。国家、省级重点建设项目安全设施设计完成后，生产经营单位应当按照建设项目"三同时"安全生产监督管理权限划分的规定向安全生产监督管理部门备案，并提交符合要求的

文件资料。

（4）其他建设项目安全设施设计备案

除高危建设项目和国家、省级重点建设项目外，其他建设项目安全设施设计，由生产经营单位组织审查，形成书面报告，并按照建设项目"三同时"安全生产监督管理权限划分的规定报安全生产监督管理部门备案。

（5）建设项目安全设施设计的变更

已经批准的建设项目及其安全设施设计发生办法规定的变更事项，应当报原批准部门审查同意；未经审查同意的，不得开工建设。

3. 施工和竣工验收程序

（1）施工

建设项目安全设施的施工应当由取得资质的施工单位进行，并与建设项目主体工程同时施工。

（2）监理

工程监理单位在监理中必须严格依法进行。工程监理单位、监理人员应当按照法律、法规和工程建设强制性标准实施监理，承担法定责任。

（3）试运行

高危建设项目和国家、省级重点建设项目竣工后试运行必须依法进行。生产、储存危险化学品的建设项目，应当在试运行前将试运行方案报安全生产监督管理部门备案。

（4）安全验收评价

建设项目安全设施竣工或试运行完成后，生产经营单位应当委托具有资质的安全评价机构对安全设施进行验收评价，并编制符合法定要求的安全验收评价报告。

（5）高危建设项目竣工验收

非煤矿山项目，生产、储存危险化学品的项目，生产、储存烟花爆竹的项目等竣工投入生产或使用前，生产经营单位应当按照法定监督管理权限的规定向安全生产监督管理部门申请安全设施竣工验收，并提供有关文件资料。

（6）国家、省级重点建设项目备案

国家、省级重点建设项目竣工投入生产或使用前，生产经营单位应当向安全生产监督管理部门备案。

（7）其他建设项目备案

除高危建设项目和国家、省级重点建设项目外，其他建设项目安全设施竣工验收，由生产经营单位组织实施，形成书面报告，并按照规定报安全生产监督管理部门备案。

（8）安全设施竣工验收不合格，不得投入生产或使用

建设项目的安全设施竣工验收不合格，不得投入生产或使用。

二、安全生产许可与安全生产条件保障制度

（一）安全生产许可制度

1. 安全生产许可

安全生产许可制度，是国家对涉及国计民生和危险性大的行业企业实行的一种预先审批制度，企业具备安全生产条件，符合国家法律，方可取得安全生产许可证进行生产。《安全生产许可证条例》规定，国家对矿山企业、建筑施工企业和危险化学品、烟花爆竹、民用爆破器材生产企业实行安全生产许可制度。企业未取得安全生产许可证的，不得从事生产活动。

2. 安全作业许可

实际的生产过程中一些危险性较大的操作，当安全条件没有保障时，容易发生事故。对这些作业过程需要加强管理，保障安全作业条件，取得安全作业许可证后，方可进行作业。实行安全作业许可证的主要有八种作业过程：吊装作业、高处作业、设备检修作业、受限空间作业、动土作业、动火作业、断路作业、盲板抽堵作业。

（二）安全生产条件保障制度

安全生产条件是保障生产安全的基本前提，必须得以保证，《安全生产许可证条例》规定了企业生产必须具备的安全生产条件。

三、现场安全检查制度

现场安全检查就是查找生产现场安全隐患，检查生产经营现场的安全条件是否符合国家法律、法规和标准的要求。《安全生产法》规定，县级以上地方政府应当根据本区域内的安全生产状况，组织有关部门按照职责分工，对本行政区域内易发生重大安全事故的生产经营单位进行严格检查；安全生产监督管理部门应当按照规定要求，制订安全生产年度监督检查计划，并按照检查计划进行监督检

查，发现事故隐患，应当及时处理。《安全生产法》规定，生产经营单位应当建立健全生产安全事故隐患排查治理制度，及时发现并消除事故隐患。要发现和排除隐患，前提就是严格实行现场安全检查制度。

四、隐患排查治理与限期整改制度

依据《安全生产事故隐患排查治理暂行规定》，事故隐患是指生产经营单位违反安全生产法律、法规、规章、标准、规程和安全生产管理制度的行为，或者生产经营活动中存在的可能导致事故发生的物的危险状态、人的不安全行为和管理上的缺陷。

《安全生产法》规定，生产经营单位应当建立健全事故隐患排查治理制度，采取技术、管理措施，及时发现并消除事故隐患；事故隐患排查治理情况应当如实记录，向从业人员通报。

依据《安全生产事故隐患排查治理暂行规定》，生产经营单位主要负责人对本单位事故隐患排查治理工作全面负责。各级安全监管监察部门按照职责对所辖区域内生产经营单位排查治理事故隐患工作依法实施综合监督管理；各级政府有关部门在各自职责范围内对生产经营单位排查治理事故隐患工作依法实施监督管理。任何单位和个人发现事故隐患，均有权向安全监管监察部门和有关部门报告。对于已排查出的事故隐患，应当按照事故隐患的等级进行登记，建立事故隐患信息档案，并按照职责分工实施监控治理。安全监管监察部门应当指导、监督生产经营单位按照有关法律、法规、规章、标准和规程的要求，建立健全事故隐患排查治理等各项制度。

五、事故报告与应急救援预案制度

（一）事故报告制度

1. 事故报告制度的法律规定

根据《生产安全事故报告和调查处理条例》，事故一般分为四个等级：特别重大事故，重大事故，较大事故，一般事故，并规定了其具体损失或伤亡标准。

《安全生产法》规定，生产经营单位发生安全事故后，现场有关人员应立即报告本单位负责人，单位负责人接到报告后，应迅速采取有效措施，组织抢救，防止事故扩大，减少人员伤亡和财产损失，并按有关规定立即报告当地负有安全生产监督管理职责的部门，不得隐瞒不报、谎报或者迟报，不得故意破坏事故现场、毁灭证据；有关部门接到事故报告后，应立即按照有关规定上报，事故报告的内容应符合法规要求。

2. 事故报告的程序及时间

《生产安全事故报告和调查处理条例》规定了事故报告的程序及时间。情况紧急时，事故现场有关人员可以直接向事故发生地县级以上政府安全生产监督管理部门和负有安全生产监督管理职责的有关部门报告。

3. 接报部门

根据《生产安全事故报告和调查处理条例》，特别重大事故、重大事故逐级上报至国务院安全生产监督管理部门和负有安全生产监督管理职责的有关部门；较大事故逐级上报至省、自治区、直辖市政府安全生产监督管理部门和负有安全生产监督管理职责的有关部门；一般事故上报至设区的市政府安全生产监督管理部门和负有安全生产监督管理职责的有关部门。

（二）应急救援预案制度

实施应急救援预案制度，形成覆盖全社会的应急救援体系，以便在事故和紧急事件中有效应对，减少生命和财产损失。《安全生产法》规定，县级以上地方各级政府应当组织有关部门制定本行政区域内特大生产安全事故应急救援预案，建立应急救援体系。生产经营单位应当制定本单位生产安全事故应急救援预案，与所在地县级以上地方人民政府组织制定的生产安全事故应急救援预案相衔接，并定期组织演练。危险物品的生产、经营、储存单位以及矿山、金属冶炼、城市轨道交通运营、建筑施工单位应当建立应急救援组织；生产经营规模较小的，可以不建立应急救援组织，但应当指定兼职的应急救援人员。《生产安全事故应急预案管理办法》对应急救援体系的建立，应急救援预案的编制、评审、备案、实施中的具体要求进行了规范；该办法规范了各级政府安全生产监督管理部门和负有安全监管职责的部门以及企业在事故应急救援预案方面的职责和任务。

六、安全生产教育培训制度

在安全生产工作中，人是起主导作用的因素，只有提高人的安全意识、安全素养，才能提高人在安全工作中的主观能动性，从而有效避免事故的发生。而教育培训是提高人的安全意识和素养的最重要手段。《安全生产法》规定，生产经营单位应当对从业人员进行安全生产教育和培训，保证从业人员具备必要的安全生产知识，熟悉安全生产规章制度和操作规程，掌握本岗位的安全操作技能，了解事故应急处理措施。《安全生产法》规定，职工有接受安全生产教育培训的义务。

依据《生产经营单位安全培训规定》，生产经营单位应当进行安全生产教育培训的从业人员包括主要负责人、安全生产管理人员、特种作业人员和其他从业人员；从业人员应当接受安全生产教育培训，熟悉有关安全生产规章制度和安全操作规程，具备必要的安全生产知识，掌握本岗位的安全操作技能，增强预防事故、控制职业危害和应急处理的能力；未经安全生产教育培训合格的从业人员，不得上岗作业。

附录二 矿山行业安全生产法律制度

矿山行业为高危行业，其安全生产要遵循《中华人民共和国安全生产法》《中华人民共和国行政许可法》《中华人民共和国行政处罚法》等综合性法律的要求，涉及职业病防治、消防安全、矿山机械产品质量、行政处罚等方面的，还需遵循《中华人民共和国职业病防治法》《中华人民共和国消防法》《中华人民共和国产品质量法》《中华人民共和国行政复议法》《中华人民共和国行政诉讼法》《中华人民共和国行政监察法》《中华人民共和国国家赔偿法》等，其违法行为的处罚，则需按照《中华人民共和国刑法》及其修正案、《中华人民共和国刑事诉讼法》《中华人民共和国治安管理处罚法》等法律。矿山行业设备设施，属于特种设备的，遵守有关特种设备的法律法规。此外，矿山行业须遵循行业法律法规和标准。

一、煤矿安全生产法律制度

我国煤矿事故多发，重特大事故频发，煤矿的安全生产形势严峻，必须建立和完善煤矿安全生产法律制度，遏制安全生产事故。

（一）煤炭生产许可制度

《中华人民共和国煤炭法》规定，煤矿投入生产前，煤矿企业应当依照有关安全生产的法律、行政法规的规定取得安全生产许可证。未取得安全生产许可证的，不得从事煤炭生产；未取得煤炭生产许可证的，不得从事煤炭生产。

《安全生产许可证条例》规定，煤矿企业应当以矿(井)为单位，在申请领取煤炭生产许可证前，依法取得安全生产许可证。

（二）煤矿安全监察制度

1. 煤矿安全监察机构及职责

根据《煤矿安全监察条例》《煤矿安全监察管理体制改革实施方案》，国家对煤矿企业安全生产实行安全监察制度，煤矿的安全监察实行垂直管理的监察体制。省(自治区、直辖市)煤矿安全监察局均为国家煤矿安全监察局的直属机构，实行国家煤矿安全监察局与所在省级政府双重领导、以国家煤矿安全监察局为主的管理体制。煤矿安全监察局，既是国家煤矿安全监察局的直属机构，又是所在省级政府的工作机构，其煤矿安全监察业务以国家煤矿安全监察局管理为主，煤炭行业管理业务以所在省级政府管理为主。

《煤矿安全监察管理体制改革实施方案》规定了国家煤矿安全监察局、省级煤矿安全监察局的主要职责。

2. 煤矿安全监察员

《煤矿安全监察员管理办法》规定，煤矿安全监察机构实行煤矿安全监察员制度，还规定了煤矿安全监察员，除符合国家公务员的条件外，还应当具备的条件。《煤矿安全监察员管理办法》还规定了煤矿安全监察人员应履行的职责。

依据《安全生产培训管理办法》，煤矿安全监察人员应由国家煤矿安全监察局统一培训，经考核合格，取得证书后方可上岗。

（三）煤矿领导带班下井制度

自2010年10月7日开始施行的《煤矿领导带班下井及安全监督检查规定》确立了煤矿领导带班下井的制度：煤矿、施工单位是落实领导带班下井制度的责任主体，每班必须有矿领导带班下井，并与工人同时下井、同时升井。煤矿应当建立健全领导带班下井制度，并严格考核；带班下井制度应当明确带班下井人员、每月带班下井的个数、在井下工作时间、带班下井的任务、职责权限、群众监督和考核奖惩等内容。煤矿领导带班下井实行井下交接班制度。煤矿的主要负责人每月带班下井不得少于规定次数；煤矿领导带班下井时，其领导姓名应当在井口明显位置公示；煤矿领导每月带班下井工作计划的完成情况，应当在煤矿公示栏公示，接受群众监督。煤矿应当建立领导带班下井档案管理制度。

依据《煤矿领导带班下井及安全监督检查规定》，煤矿安全监察部门对煤矿领导带班下井进行日常性的监督检查，对煤矿违反带班下井制度的行为依法做出现场处理或者实施行政处罚；煤矿安全监察机构对煤矿领导带班下井实施国家监察，对煤矿违反带班下井制度的行为依法做出现场处理或者实施行政处罚。

《煤矿领导带班下井及安全监督检查规定》还规定了煤矿领导带班下井时应当履行的职责。

（四）煤矿安全生产条件保障制度

1. 矿山建设项目的安全条件

《中华人民共和国矿山安全法》规定，矿山设计项目，必须让有关安全生产的建设项目符合矿山安全规程和行业技术规范，这些项目有：矿井的通风系统和供风量、风质、风速；露天矿的边坡角和台阶的宽度、高度；供电系统；提升、运输系统；防水、排水系统和防火、灭火系统；防瓦斯系统和防尘系统；有关矿山安全生产的其他项目。《矿山安全法》规定，每个矿井必须有两个以上能行人的安全出口，出口之间的直线水平距离必须符合矿山安全规程和行业技术规范。矿山必须有与外界相通的、符合安全要求的运输和通信设施。

2. 矿山开采安全条件

《中华人民共和国矿山安全法》对矿山开采安全条件进行了规定。矿山开采必须具备保障安全生产的条件，执行开采不同矿种的矿山安全规程和行业技术规范。矿山设计规定保留的矿柱、岩柱，不得开采或者毁坏。矿山使用的有特殊安全要求的设备、器材、防护用品和安全检测仪器，必须符合国家安全标准或者行业安全标准。矿山企业应对机电设备及其防护装置、安全检测仪器定期检查、维修，保证使用安全。矿山企业必须对作业场所中的有毒有害物质和井下空气含氧量进行检测，保证符合安全要求。矿山企业必须对危害安全的事故隐患(冒顶、片帮、边坡滑落和地表塌陷；瓦斯爆炸、煤尘爆炸；冲击地压、瓦斯突出、井喷；地面和井下的火灾、水害；爆破器材和爆破作业发生的危害；粉尘、有毒有害气体、放射性物质和其他有害物质引起的危害；其他危害)和使用机械、电气设备，排土场、矸石山、尾矿库和矿山闭坑后可能引起的危害采取预防措施。

二、金属、非金属矿山安全生产法律制度

与金属、非金属矿山安全生产相关的法律和行业法规主要有《中华人民共和国安全生产法》《中华人民共和国矿山安全法》《中华人民共和国矿产资源法》《中华人民共和国矿山安全法实施条例》《安全生产许可证条例》《中华人民共和国民用爆炸物品管理条例》《中华人民共和国矿产资源法实施细则》等。

（一）金属、非金属矿山安全生产许可制度

《安全生产许可证条例》规定：国家对矿山企业、建筑施工企业和危险化学品、烟花爆竹、民用爆破器材生产企业实行安全生产许可制度。矿山企业未取得安全生产许可证的，不得从事生产活动。

（二）金属、非金属矿山领导带班下井制度

与煤矿领导带班下井制度类似，对于金属、非金属矿山也实行了矿山领导带班下井制度。《金属非金属地下矿山企业领导带班下井及监督检查暂行规定》于2010年11月15日施行。

（三）金属、非金属矿山安全生产条件保障制度

参见上述"煤矿安全生产条件保障制度"内容。

（四）尾矿库安全管理制度

1. 尾矿库建设

《尾矿库安全监督管理规定》对尾矿库建设进行了规定。尾矿库的勘察、设计、安全评价、施工及监理等应当由具有资质的单位承担。尾矿库工程设计应当包括安全专篇，安全专篇应当对尾矿库及尾矿坝稳定性、防洪能力及排洪设施和安全观测设施的可靠性进行论证。从事尾矿库放矿、筑坝、排洪和排渗设施操作的专职作业人员必须取得特种作业人员操作资格证书，方可上岗作业。尾矿库建设项目应当进行安全设施设计并经审查合格，方可施工。尾矿库施工应当执行有关法律法规和国家标准、行业标准的规定，严格按照设计施工，做好施工记录，确保工程质量。生产经营单位应当建立尾矿库工程档案，特别是隐蔽工程的档案，并长期保管。尾矿库建设项目安全设施设计审查与竣工验收应当执行"三同时"制度的规定。

2. 尾矿库运行

《尾矿库安全监督管理规定》对尾矿库运行进行了规定。生产经营单位应当

保证尾矿库具备安全生产条件所必需的资金投入，配备相应的安全管理机构或者安全管理人员，并配备与工作需要相适应的专业技术人员或者具有相应工作能力的人员。在尾矿库运行中，生产经营单位要建立、健全尾矿库安全生产责任制，制定完备的安全生产规章制度和操作规程，实施安全管理。生产经营单位应当针对垮坝、漫顶等生产安全事故和重大险情制定应急救援预案，并进行演练。尾矿库应当每三年至少进行一次安全评价，安全评价包括现场调查、收集资料、危险因素识别、相关安全性验算和编写安全评价报告。对有危险的尾矿库必须采取相应的措施保证尾矿库安全。

3. 尾矿库闭库管理

依据《尾矿库安全监督管理规定》，尾矿库闭库工作及闭库后的安全管理由原生产经营单位负责。生产经营单位申请尾矿库闭库验收，应当具备下列条件：尾矿库已停止使用；闭库安全评价报告已报安全生产监督管理部门备案；尾矿库闭库设计已经安全生产监督管理部门批准；有完备的闭库工程施工记录、竣工报告、竣工图和施工监理报告等。

三、石油天然气安全生产法律制度

石油天然气行业安全生产，除遵守安全生产的适用法律法规、标准外，还要遵守行业法律法规和标准以及环境保护方面的法律法规。如《中华人民共和国矿产资源法》《矿产资源监督管理办法》《石油天然气管道安全监督与管理暂行规定》等。

（一）石油天然气勘探开采许可证制度

《中华人民共和国矿产资源法》规定，开采石油、天然气、放射性矿产等特定矿种的，可以由国务院授权的有关主管部门审批，并颁发采矿许可证。针对石油、天然气特定矿种，《中华人民共和国矿产资源法实施细则》规定，勘查特定矿种，应当按照国务院有关规定办理申请、审批和勘查登记。

（二）油气储运安全

依据《石油天然气管道安全监督与管理暂行规定》，管道勘察设计单位必须取得相应资质等级，依法设计；工程项目应当依法通过安全预评价评审后，方可进行初步设计；新建的石油管道在勘察选线过程中，应当充分考虑安全可靠性的影响；工程项目的初步设计审查，应当同时审查职业安全卫生专篇、消防专篇和环境保护专篇，安全设施应与主体工程同时设计、同时施工、同时投入使用。

依据《中华人民共和国石油天然气管道保护法》《石油天然气管道安全监督与管理暂行规定》，石油企业对检测不合格或存在隐患的管道路段，应当立即采取维修等整改措施，以保证管道运行安全；石油企业应当建立石油管道检测档案，原始数据及数据分析结果应当妥善保存；石油企业对石油管道设备、设施应当定期检查和维护，使其处于完好状态；石油企业应当制定石油管道事故应急救援预案；从事石油管道技术检测检验的单位必须取得国务院石油工业行政主管部门认定的相应资质，并对其检测检验的结果负责。

石油储运设备、设施，属于特种设备的，遵守有关特种设备的法律法规。

（三）油气生产安全禁令

对于油气安全生产，中国石化集团经过多年的实践，总结出一些有效的管理制度，如"防火、防爆十大禁令""防止中毒窒息十条规定"等。

附录三　危险物品安全法律制度

危险物品生产经营要遵循《中华人民共和国安全生产法》《中华人民共和国行政许可法》《中华人民共和国行政处罚法》《中华人民共和国职业病防治法》《中华人民共和国消防法》《中华人民共和国行政诉讼法》《中华人民共和国行政监察法》《中华人民共和国国家赔偿法》等，其违法行为的处罚，可能涉及《中华人民共和国刑法》及其修正案《中华人民共和国刑事诉讼法》《中华人民共和国治安管理处罚法》等法律。此外，危险物品行业还须遵循行业法律法规和标准。

一、危险化学品安全法律制度

（一）概述

1. 危险化学品定义

按照《危险化学品安全管理条例》，危险化学品是指具有毒害、腐蚀、爆炸、燃烧、助燃等性质，对人体、设施、环境具有危害的剧毒化学品和其他化学品。危险化学品目录，由国务院安全生产监督管理部门会同国务院工业和信息化、公安、环境保护、卫生、质量监督检验检疫、交通运输、铁路、民用航空、农业主管部门确定、公布，并适时调整。

2. 危险化学品分类及标识

（1）危险性分类

国家标准《化学品分类和危险性公示通则》将危险化学品危险性分成物理危险性、健康危害性和环境危害性，见附录表。

附录表　GHS化学品危险性分类

物理危险性	健康危害性	环境危害性
爆炸性物质	急性毒性	危害水生环境物质
易燃气体	皮肤腐蚀/刺激性	水生急性毒性
易燃气溶胶	严重眼损伤/眼刺激性	
氧化性气体	呼吸或皮肤致敏性	
高压气体	生殖细胞致突变性	
易燃液体	致癌性	
易燃固体	生殖毒性	
自反应物质	特定靶器官系统毒性(单次接触)	
发火液体	特定靶器官系统素性(反复接触)	
发火固体	吸入危害性	
自热物质		
遇水放出易燃气体物质		
氧化性固体		
氧化性液体		
有机过氧化物		
金属腐蚀剂		

注：GHS是指联合国《化学品分类及标记全球协调制度》。

（2）标识

化学品标识应包括物质名称、编号、危险性标识、警示词、危害防范措施、制造商或供货商之名称、地址及电话。

危险性警示性标签，根据物质分类类别，分别按照相关国家标准制作。

（二）危险化学品生产许可及生产、储存安全管理制度

《危险化学品安全管理条例》对危险化学品生产、储存安全进行了规定。

1. 生产、储存的规划布局制度

国家对危险化学品的生产、储存实行统筹规划、合理布局。新建、改建、扩建生产、储存危险化学品的建设项目，建设单位应当对建设项目进行安全条件论证，委托具备资质条件的机构对建设项目进行安全评价，并将安全条件论证和安全评价的情况报告报项目所在地设区的市级以上政府安全生产监督管理部门审查。

2. 生产许可证制度

危险化学品生产企业进行生产前，应当依照《安全生产许可证条例》的规定，取得危险化学品安全生产许可证。生产列入生产许可证制度的工业产品目录的危险化学品或危险化学品包装物、容器的企业，应当依照《中华人民共和国工业产品生产许可证管理条例》的规定，取得工业产品生产许可证。

3. 安全设施、设备的维护保养制度

生产、储存危险化学品的单位，应当在作业场所设置相应的监测、监控、通风、防晒、调温、防火、灭火、防爆、泄压、防毒、中和、防潮、防雷、防静电、防腐、防泄漏以及防护围堤或者隔离操作等安全设施、设备，并经常维护、保养，保证正常使用；还应在其作业场所和安全设施、设备上设置明显的安全警示标志，在其作业场所设置通信、报警装置，并保证处于适用状态。

4. 安全评价制度

生产、储存危险化学品的企业，应当委托具备国家规定的资质条件的机构，对本企业的安全生产条件定期进行安全评价，提出安全评价报告；应当如实记录其生产、储存的剧毒化学品、易制爆化学品的数量、流向，并采取必要的措施，防止剧毒化学品、易制爆化学品丢失或者被盗；发现剧毒化学品、易制爆危险化学品丢失或者被盗的，应当立即向当地公安机关报告。

5. 储存管理制度

危险化学品应当储存在专用仓库、专用场地或者专用储存室(统称专用仓库)内，并由专人负责管理；剧毒化学品以及储存数量构成重大危险源的其他危险化学品，应当在专用仓库内单独存放，并实行双人收发、双人保管制度；储存危险化学品的单位应当建立危险化学品出入库核查、登记制度。对剧毒化学品以及储存数量构成重大危险源的化学品，储存单位应当将其储存数量、储存地点以及管理人员的情况，报所在地县级政府安全生产监督管理部门(在港区内储存的，报港口行政管理部门)和公安机关备案。

（三）危险化学品使用许可及管理制度

依据《危险化学品安全管理条例》，使用危险化学品的单位，其使用条件(包括工艺)应当符合法律、行政法规的规定和国家标准、行业标准的要求，并建立、健全安全管理规章制度和安全操作规程，保证危险化学品的安全使用。使用危险化学品从事生产并且使用量达到规定数量的化工企业(属于危险化学品生产企业的除外)，应当依法取得危险化学品安全使用许可证。《危险化学品安全管理条例》还规定了申请危险化学品安全使用许可证的化工企业应当具备条件。

（四）危险化学品经营许可及管理制度

《危险化学品安全管理条例》对危险化学品经营安全进行了规定。

1. 经营许可制度

国家对危险化学品经营(包括仓储经营)实行许可制度，未经许可，任何单位和个人不得经营危险化学品；依法设立的危险化学品生产企业在其厂区范围内销售本企业生产的危险化学品，不需要取得危险化学品经营许可；依照《中华人民共和国港口法》的规定取得港口经营许可证的港口经营人，在港区内从事危险化学品仓储经营，不需要取得危险化学品经营许可。经营企业储存危险化学品的，应当遵守关于储存危险化学品的规定。危险化学品商店内只能存放民用小包装的危险化学品。

2. 购买许可制度

依法取得危险化学品许可证的企业，凭相应的许可证件购买剧毒化学品、易制爆危险化学品。民用爆炸物品生产企业凭民用爆炸物品生产许可证购买易制爆危险化学品。无危险化学品安全生产、经营或使用许可证的单位购买剧毒化学品的，应当向所在地县级人民政府公安机关申请取得剧毒化学品购买许可证；购买易制爆危险化学品的，应当持本单位出具的合法用途说明。个人不得购买剧毒化学品(农药除外)和易制爆危险化学品，禁止向个人销售剧毒化学品(农药除外)和易制爆危险化学品。

3. 生产经营登记制度

危险化学品生产、经营企业销售剧毒化学品、易制爆化学品，应当如实记录，销售记录以及经办人的身份证明复印件、相关许可证件复印件或者证明文件的保存期限不得少于规定期限。剧毒化学品、易制爆化学品的销售企业、购买单位应当在销售、购买后规定期限内，将危险化学品的品种、数量以及流向信息报所在地县级人民政府公安机关备案，并输入计算机系统。

（五）危险化学品运输许可及安全管理制度

《危险化学品安全管理条例》对危险化学品运输安全进行了规定。

1. 条件许可制度

从事危险化学品道路运输、水路运输的企业，应当配备专职安全人员，并分别依照有关法律法规的规定，取得危险货物道路运输许可、危险货物水路运输许可，并向工商部门办理登记手续。通过道路运输剧毒化学品的，托运人应当向运输始发地或者目的地县级政府公安机关申请剧毒化学品道路运输通行证。

2. 人员资格制度

危险化学品道路运输、水路运输企业的驾驶人员、船员、装卸管理人员、押运人员、申报人员、集装箱装箱现场检查员应当经交通运输主管部门考核合格，取得从业资格。运输危险化学品，应当根据危险化学品的危险特性采取相应的安全防护措施，并配备必要的防护用品和应急救援器材。

3. 运输安全事项

通过道路运输危险化学品的，不得超载；运输车辆应当符合规定的安全技术条件，并依法定期进行安全技术检验；运输车辆应当悬挂或者喷涂符合规定的警示标志，配备押运人员，并保证所运输的危险化学品处于押运人员的监控之下。

4. 水域运输规定

禁止通过内河封闭水域运输剧毒化学品以及国家规定禁止通过内河运输的其他危险化学品。内河运输危险化学品，应当使用取得危险货物适装证书的运输船舶。水路运输企业应当制定运输船舶危险化学品事故应急救援预案，并配备充足、有效的应急救援器材和设备。

载运危险化学品的船舶在内河航行，应当遵守法律、行政法规和国家其他有关饮用水水源保护的规定。载运危险化学品的船舶在内河航行、装卸或者停泊，应当悬挂专用的警示标志，按照规定显示专用信号。

依照《民用爆炸物品安全管理条例》，在城市、风景名胜区和重要工程设施附近实施爆破作业，应当向作业所在地设区的市级政府公安机关申请，提交爆破作业单位许可证和有资质的安全评估企业出具的爆破设计、施工方案评估报告；作业单位应当如实记载领取、发放民用爆炸物品的品种、数量、编号以及领取、发放人员姓名，领取数量不得超过当班用量，作业后剩余的民用爆炸物品必须当班清退回库，爆破作业单位应当将领取、发放民用爆炸物品的原始记录保存到法定期限备查；爆破作业单位不再使用民用爆炸物品时，应当将剩余的民用爆炸物品登记造册，报所在地县级政府公安机关组织监督销毁。

（六）储存安全制度

《民用爆炸物品安全管理条例》规定，民用爆炸物品应当储存在专用仓库内，并按照国家规定设置技术防范设施。民用爆炸物品变质和过期失效的，应当及时清理出库，登记造册，提出销毁实施方案，并依法予以销毁。

储存民用爆炸物品应当符合要求：建立出入库检查、登记制度，收存和发放民用爆炸物品必须进行登记，做到账目清楚，账物相符；储存的民用爆炸物品数量不得超过储存设计容量，对性质相抵触的民用爆炸物品必须分库储存，严禁在库房内存放其他物品；专用仓库应当指定专人管理、看护，严禁无关人员进入仓库区内，严禁在仓库区内吸烟和用火，严禁把其他容易引起燃烧、爆炸的物品带入仓库区内，严禁在库房内住宿和进行其他活动；民用爆炸物品丢失、被盗、被抢，应当立即报告当地公安机关。